U0192740

孩子一看就着迷的

动植物生存

大揭秘

[美] 罗伊·C.安德鲁斯 著

吴奕俊 译

文化发展出版社
Cultural Development Press

图书在版编目（CIP）数据

孩子一看就着迷的动植物生存大揭秘 / (美) 罗伊·C.
安德鲁斯著；吴奕俊译. — 北京：文化发展出版社，
2021.4

ISBN 978-7-5142-3357-5

Ⅰ.①孩… Ⅱ.①罗… ②吴… Ⅲ.①动物—青少年
读物②植物—青少年读物 Ⅳ.①Q95-49②Q94-49

中国版本图书馆CIP数据核字（2021）第041101号

孩子一看就着迷的动植物生存大揭秘

［美］罗伊·C.安德鲁斯著　吴奕俊译

责任编辑：侯　铮

封面设计：浪殿飞扬

版式设计：艺琳设计工作室

出版发行：文化发展出版社（北京市翠微路2号　邮编：100036）

网　　　址：www.wenhuafazhan.com

经　　销：各地新华书店

印　　刷：天津光之彩印刷有限公司

开　　本：787mm×1092mm　16开

字　　数：150千字

印　　张：12.5

印　　次：2021年6月第1版　2021年6月第1次印刷

定　　价：60.00元

Ｉ Ｓ Ｂ Ｎ：978-7-5142-3357-5

目录
CONTENTS

一位探险家眼中的大自然

一生中，我对动物有着一种近乎痴迷的喜爱。四十年来，作为一名博物学者，我养过各种宠物，研究和收集过各类哺乳动物、鸟类、鱼类以及爬行动物。美国自然历史博物馆发起的探险之旅使我有机会走遍各大陆几乎每一个遥远的角落。无论身在何处，我都会开展研究。

在自然界，无论高级生物还是低级生物，在御敌和谋生上，它们都有自己独特的本领。对我来说，大自然最令人着迷的地方莫过于此。有些动物不得不完全改变自身的生理构造，来应对竞争，求得生存。一个生物在为生存而抗争的过程中，皮毛、颜色或习性上的适应力强弱，往往决定着它的生死存亡。

伪装色和保护色

一只老虎在没有遮蔽物的空地上，它身上那黄黑

花豹

北极狐

北极兔

相间的花纹是那么醒目，可一旦有了草丛、树木的掩映，它就能迅速隐匿身形，这是如何做到的？如果它的身体全是黄色的，或是其他单一颜色的，肯定一眼就能被发现。生活在密林中，它知道自己很难被发现。对于它来说，"伪装色"不算是"保护色"，因为它罕有敌手。但它必须觅食，而觅食的过程就是一场丛林游戏。利用大自然赋予的一身伪装色，它能够对付那些拥有敏锐视觉的猎物。它那黄黑相间的条纹与杂草丛融为一体，于是那里就成了绝佳的狩猎之地。那么花豹和美洲虎呢？它们很少在地上追捕猎物，而是在树上进行自己的狩猎游戏。它们身上的斑点与树叶间斑驳的光影完美融合。

地理环境对伪装色有很大的影响。北极地区动物的皮毛一般为白色或浅色。北极熊的皮肤是黑色的，但由于它们的毛透明，所以外观上通常为白色。这使它们在猎捕海豹时更加轻松。北极狼、北极狐、北极兔，以及多尔大角羊大多是白色的。多尔大角羊主要生活在白雪覆盖的极地山坡上。再往南，雷鸟能让自己时刻利用保护色来躲避猎食者。在冬天，雷鸟是纯白色的，除非它自己移动，否则很难在冰天雪地中察觉它的踪迹。到了春天，雷鸟进入换毛期，羽毛由纯白逐渐变成白棕相间，刚好和积着残雪的小丘或山石融为一体。如果春天来得稍晚些，换毛期会相应推迟。夏天，雷鸟的羽毛会变成棕色，与筑巢地的草色完美融合。

同样，野兔也能随季节更替而变换皮毛的颜色，它们的皮毛在冬季呈白色，春季呈白棕相间的颜色，到了夏季又变成有"隐形"效果的棕色。夏季，鼬（yòu）鼠的皮毛是棕色的，到了冬季又变成白色的，它是唯一能这样变换皮毛颜色的肉食性动物。鼬鼠体形较小，在白雪覆盖的北方地区，很容易引起掠食性鸟类和其他大型掠食性动物的注意，因此在冬季，白色作为保护色至关重要。

沙漠里的鸟类、哺乳动物、爬行动物和昆虫一般呈棕色或沙黄色，多半是

多尔大角羊

雷 鸟

003

鼬鼠

亚马孙热带雨林中的金刚鹦鹉

为了保护自己，或是通过伪装自己来捕获猎物。在热带雨林地区，植被丰富繁茂，那里的动物们也相应地呈现出色彩斑斓的样子。

谈到保护色，我就得硬着头皮面对动物界所谓的高低之分。低等动物，尤其是蠕虫、昆虫和各类无脊椎动物，它们居住在某个狭窄的空间中，与其生活环境高度融合。因此，它们极少引起其他动物的注意，这不仅能保护自己，还能保障食物的来源。类似的例子不胜枚举，我只举其中最典型的一个。在整个自然界，就保护色和适应力而言，丘鹬（yù）是鸟类中的佼佼者。它们最爱栖（qī）息于赤杨沼泽林和潮湿的白桦林。它们的羽毛颜色与树叶和杂草的颜色相融，即使是最锐利的眼睛，也很难发现它们。我的猎犬曾数次嗅到近在咫尺的丘鹬巢穴，但我仍然没找到。丘鹬将它的长喙插入地下，用灵敏的喙尖搜寻蚯蚓。进食时，它从来不看食物，而是朝上方看，然后头来回转动，这样它就能一边进食，一边警惕来自侧面和后面的敌人。

当然，伪装并不是唯一为人类所借鉴的大自然的运作方式。令人惊奇的是，人类很多奇妙的发明本就是某些生物的本能，比如双光眼镜、潜望镜等。未来，关于大自然运作方式的研究或许能帮助人类创造出更多奇妙的发明，以满足人类的特定需求。

丘鹬

拟态伪装

拟态伪装与保护色类似，不同之处在于前者只是模仿那些令敌人害怕或讨厌的"典型"。拟态伪装在哺乳动物、鸟类和鱼类中并不常见。毒蛇多是无毒生物的模仿对象。猪鼻蛇会故意模仿响尾蛇的样子。非洲食蛋蛇是一种生活在南非的蛇，以鸟蛋为食，往往模仿角蝰蛇的样子。马尾藻海位于北大西洋南部，克里斯托弗·哥伦布发现了这片海域。这里生长着成片的海草，它们充当着各种海洋生物的保护伞。海洋生物们通过模仿海草的形态，来保护自己。状如海草的鱼类、蟹类、蛞蝓（kuò yú，俗称鼻涕虫）数不胜数，其中部分生物甚至能变换颜色，与周围的海草融为一体。这片浮动的海草是属于它们的梦幻世界。

就连植物都会伪装。野荨（qián）麻一般伪装成刺荨麻（叶上有刺毛，刺毛中含有蚁酸，触碰会产生刺痛感）的样子，肉眼难以区分。不过，昆虫才是伪装高手。部分无攻击性的昆虫会模仿蜜蜂和黄蜂的样子。

刺荨麻叶子上的刺　　　　　刺荨麻（左）和野荨麻（右）　　　　　枯叶蝶

枯叶蝶翅膀的颜色与枯叶的颜色别无二致。叶螀（xiū），俗称叶子虫，形如绿叶，裂尺蛾幼虫与蔷薇枝相似度极高。毛虫会模仿蛇的形态，实验表明，这对猴子、鸟类和蜥蜴的威慑效果显著，因为蛇是它们的天敌。

静　止

如果说保护色是大自然赐予生物的护身符，那么动物本能会保持静止状态，则是大自然赋予它们的更宝贵的一笔财富。它们保持静止状态，"就像冻住了一样"，以此来保全自己的性命。色彩斑斓的鸟类，爬行动物、哺乳动物或昆虫只要它们在自己的栖息地内保持静止状态，往往很难被发现。在中国的云南和西藏接壤的某处荒野，当时我们正在追踪一只黑色的长臂猿。对于这类引人注目的动物而言，保持静止状态非常必要。我们将帐篷搭在山脊上。山脊两侧的山坡异常陡峭，且遍布密林。一群猿猴经过，森林中回荡着"呜哇，呜哇，呜哇"的啼声。猿猴的叫声越来越

长臂猿

近，我随即冲下山坡。猿猴摇荡于树枝间，它们在林间穿梭的速度比人类的奔跑速度要快得多。突然间，它们出现在我的头顶上方，黑色的身体在绿叶中是如此显眼。树上挤满了猿猴，大约有三十只。我刚从灌木丛后走出来，一只体形较大的猿猴就看到了我，它单手悬挂在树枝上，圆圆的脑袋向前突出，看上去有些吓人。它发出"呜哇"的尖锐啼声，听着有些瘆得慌，接着它向上一跃，消失在绿叶间。

它们就在我头顶上方，但是我看不见一丝踪迹。我坐在几米开外的地方，一动不动地等待。半小时后，树叶间的一丝声响引起了我的注意。离我不到三米远的树上，一只黑色的猿猴正缓缓匍匐前进，小心翼翼地爬向树枝顶端。发现我之后，黑色的猿猴纵身跃起，一下就跳到了约六米外的树上，然后迅速逃向密林深处，最终消失在半山腰。

几乎每一种生物都清楚，无论它们的颜色与周围环境融合得如何完美，保持静止才是最可靠的保命手段。我曾藏在一处干草丛中，观察一只兔子长达半小时之久。它距离我不过两米，在那半个小时里，即使苍蝇落到它的鼻尖，爬过它眯起的眼睛，它身上的肌肉也没有

猩红丽唐纳雀

黄鹂

丝毫颤动。小梅花鹿出生后，会一动不动地躺在鹿妈妈生下它的地方。在茂密的热带丛林中，如果大象和水牛这样体形巨大的动物藏身于树丛和藤蔓之后，只要保持静止状态，肉眼就很难察觉到它们。猩红丽唐纳雀、红雀、黄鹂这类色彩艳丽的鸟儿明白，只要它们在枝头保持静止，就能确保安全。

速　度

对于很多动物而言，"适者生存"就意味着只有速度够快才能活下来。刺尾雨燕在鸟类中以速度快著称。捕食飞虫时，刺尾雨燕的速度可达每小时170千米。在我看来，这个数字还显得有些保守。一只体格较大的胡兀鹫曾遭遇飞机追赶，当它急速向下俯冲时，据飞机速度表显示，它的速度高达每小时177千米。然而，将俯冲速度当作飞行速度未免不够准确。金雕的速度可达每小时322千米，游隼（sǔn）的飞行速度可达每小时390千米。不过，在逆风状态下，鸟类似乎很难达到这样的极限速度。

鱼类和其他水中生物游动的姿态优雅，然而，由于受水的阻力限制，在速度比拼上，它们难与陆地生物相提并论。腾空"滑翔"是飞鱼的绝招，它们以此躲避天敌的追击。飞鱼一冲破水面就把它的鳍张开，从而获得额外的推力。等力量足够时，尾部

金　雕

飞　鱼

完全出水，高速腾空"滑翔"。飞鱼腾空"滑翔"和水上飞机的飞行原理类似，即使在逆风状态下，当达到一定速度，飞鱼仍可朝任意方向腾空4到5米。据美国斯克里普斯海洋研究所的卡尔·哈布斯博士和其他科学家的研究，飞鱼"滑翔"结束时的速度约为每小时56千米。鸟类靠翅膀飞行，然而飞鱼"滑翔"并非依赖它的鱼鳍，而是仅凭借自己的身体在空中"滑翔"。相比其他飞行生物，飞鱼的体形与飞机更接近。

在戈壁沙漠，我们曾驱车测试羚羊的精确奔跑速度。沙漠羚羊的速度可达每小时80千米。但它们的速度到底能维持多长时间，我们尚不清楚。我曾和探险队的摄影师詹姆斯追踪一头雄鹿约16千米，结果我们的车爆胎了，不得不终止这场竞速，但是那头鹿并未停止奔跑。狼是鹿群最大的天敌，而鹿群惊人的奔跑速度能让它们从狼口逃生。

苍　羚

蒙古野驴

猎　豹

灵缇犬

戈壁野狼的奔跑速度难以突破每小时58千米，它们会埋伏在山谷间或灌木丛中，等待猎物靠近，突然袭击。蒙古野驴必须至少以每小时64千米的速度跑800米的距离才能成功逃脱。并非所有野驴都能达到这个速度，但是它们的速度一般都不会低于每小时56千米。它们的冲刺速度也远远超过其天敌野狼。猎豹是短跑冠军，它们能以每小时120千米的速度奔跑200到300米，眨眼之间捕获猎物。

美国自然历史博物馆的威廉·格里高利博士揭示了解剖学和速度之间的有趣联系。诸如马和羚羊这类奔跑速度很快的动物，它们的胫骨比大腿骨更长，这样跳跃时的速度能最大化。人类挥动高尔夫球杆也是这个道理。脊柱的灵活性也很重要。拿灵缇（tí）犬来说，如果脊柱的灵活性差，它们很难跃很远的距离。

视　力

大自然赋予了某些动物敏锐的视力，其中以鸟类居多。拥有这种能力一方面可以保护自己，另一方面便于获取食物。秃鹫、大雁和鸭子的眼睛像雷达一样精准。在戈壁沙漠，有时我藏在离动物的残骸不远的地方，用十倍双筒望远镜从各个角度观察

白天鹅

秃　鹫

天空，等待秃鹫的出现。秃鹫是世界上最大的鸟类之一。通常，等十五到二十分钟，秃鹫就会出现，在空中盘旋，然后慢慢降落，最后落在残骸旁边。在自然界，白天鹅是最易被发现的目标之一，但它们能依靠自己的视力远离危险。它们将巢筑在平坦的苔原地带，这样就能发现几千米外的敌人。

嗅　觉

　　某些动物的嗅觉十分敏锐，比如大雁、熊、鹿。在蒙古的阿尔泰山，我追踪过的大角羊就有着异常灵敏的嗅觉。羊群中的公羊体格健硕，清晨

大角羊

时分，它们通常会在陡峭的山坡上吃草。日上中天时，它们会停留在狭窄的山脊上休憩。站在山脊上向下望，平原一览无余。较年长的母羊负责放哨。羊群休息后，母羊会站在山脊上，警觉地注视平原和山坡的各处角落。一个小时后，确定周围没有危险了，母羊才安心去睡，同羊群一起享受着这份静谧的时光。蒙古猎人和我慢慢靠近，确认风向是从羊群那边吹向我们，但还没等我们走到近处，羊群就醒过来，然后快速离开了。最终，我们明白了羊群常年选择山脊作为休憩地的原因。在山脊上，无论风往哪边吹，气流都能将闯入者的气味传到它们的鼻子里。在山脊上，狼群无法威胁到羊群，同样，人类也做不到。

黑熊的嗅觉和听觉都很敏锐，但视力欠佳。阿拉斯加棕熊是世界上最大的食肉动物，嗅觉灵敏异常，能够闻到人类不久前留下的气味，或风中最微弱的气味，然后循着气味的踪迹去搜索。相比视觉和听觉，鹿更加依赖自己的嗅觉。根据我的观察，鹿的视力相对较弱，它的听觉比人类强得多，嗅觉异常敏锐。如果风是朝鹿所在的地方吹，人类很难接近它们。当然，狼和狗的嗅觉也很灵敏。通过选择性培育，家养动物的嗅觉已有很大提升。不过，蛾类才是"嗅觉"冠军。到了繁殖季，即使相隔3千米远，雄性飞蛾也能感知到雌性飞蛾的气息。

警示信号

警示信号是另一种保命手段。叉角羚的臀部长着白毛，当它们受惊时，臀部的白毛能立起来，并迅速开合，就像信号灯一样，数千米之外都能看到这个信号。我曾看见一群羚羊，前一秒还在安安静静地吃草，突然

间抬起头来，飞奔逃开。原来，它们收到了来自叉角羚的警示信号，知道附近潜藏着危险。野羊、鹿、野兔臀部或尾巴的毛色之所以比较浅，或许是为了便于向同类发出警示信号。

美国西北部的灰白旱獭（tǎ）所发出的尖叫声是自然界最刺耳的声音之一，甚至在3千米以外的地方也能听到。其他旱獭一听到尖叫声，都躲进洞穴中。危险过去之后，负责放哨的旱獭会发出另一种声音，音调更低沉些，听上去像"警报解除"的信号。接着，山坡上会露出灰色的脑袋，旱獭们又恢复了正常活动。

河狸也会发出有效的警示信号。当受到惊扰时，它们会用自己宽厚扁平的尾巴拍击水面，那声音震耳欲聋。附近的河狸一听到同类发出的响声，就会以最快的速度躲起来，即使它们之间相隔甚远。行舟在溪流中，每当遇到河狸时，我总能听见这样的声响。

警戒色或警戒气味也常被当作一

叉角羚

旱　獭

河　狸

种特性或武器。臭鼬扬扬得意地挥舞着身后的尾巴，像高举着"生人勿近"的牌子。它们的移动速度缓慢，永远都是一副不慌不忙的样子，因为它们清楚，很少有动物能忍受它们发出的臭气。它们还能通过气味向其他臭鼬传递附近危险的信号。响尾蛇利用尾部发出的嘶嘶声威慑敌人。眼镜蛇竖起身体，前后缓慢摇晃身体，颈部两侧膨胀，展露背部特有的花纹。很多生物会利用信号来维护自身安全，或向同类发出警示信号，寻找藏身之所。

臭　鼬

盔　甲

　　数百万年前，当人类尚未出现在地球上时，动物们就已开始用鳞甲来保护自己了。恐龙时代之前，鱼类身上通常长有骨鳞。后来，到了爬行动物时代，新的物种蛇颈龙出现了，它们吞食其他鱼类，能轻松嚼碎骨头。骨鳞"盔甲"就变得毫无用武之地。中生代的鱼类逐渐进化，同时自然的影响也很关键。鱼类的游速大大提升。速度由此成了最关键的防御因素。

　　一直以来，几乎所有的现代鱼类都不屑于穿古老鱼类那种骨质"盔甲"，但生活在美国热带水域的木瓜鱼却又重新披上这副过时的史前"盔

木瓜鱼

刺鲀

穿山甲

甲"，这就好比人类在现代战争中穿上中世纪的盔甲。木瓜鱼的鳞片十分坚硬，呈六边形，一根鱼骨支撑起整个鱼身，鱼骨不能弯曲。乌龟能够从龟壳里探出脑袋再缩回去，如果它愿意的话，它还能转动头部。头是乌龟全身唯一可自由活动的部位，也是乌龟的弱点所在。木瓜鱼若是咬住乌龟头部，便可以置其于死地。尽管动物世界充满各种危险，有梭鱼和海鳗等掠食者虎视眈眈，但乌龟还是能从容安身，全赖它们铠甲般的壳。

刺鲀（tún）以另一种方式武装自己。它的鳞经过改良，球形身体上布满尖利的硬刺，将其包裹得严严实实，敌人难以进犯。南美洲鲶鱼的身体好似夹在两块坚硬的骨头中间。海马的外形与鱼类相差甚远，好似被包裹在一圈圈骨头中。它们依靠半透明的鳍在水中游动，游得非常慢，几乎感知不到它的移动，但姿态很优雅。扳机鱼生活在热带水域，皮肤上长有许多小而坚硬的块状物。它们的皮肤坚硬无比，鳞鲀是它们的近亲，生性好斗，皮肤更加坚硬。

在哺乳动物中，穿山甲也有着类似的铠甲。它们全身长满鳞甲，甚至武装到耳朵。刺猬将鼻子埋在两腿间，身体蜷缩成球状，敌人便无从下口。

特殊化

大自然让它的孩子们学会适应它们所处的特殊环境。对大多数生物而言，水是生命之源，然而沙漠中的动物可以一直不喝水。更格卢鼠、囊鼠、瞪羚等动物，一生可以不喝一滴水。通过消化道的化学反应，食物中的淀粉转化成水，为它们的身体提供了必要的水分。在戈壁沙漠，我曾养过一只瞪羚作宠物，半年里，它都没喝过水。在加利福尼亚南部，一只囊鼠被困盒子中数月，仅以干种子为食，却无任何不适反应。

更格卢鼠

在寒冷的冬季，食物匮乏，有些动物会进入休眠状态，就如同待在冷藏室里。在北半球，熊、土拨鼠、草原犬鼠、地松鼠和跳鼠等都会通过冬

冬眠的熊

猫头鹰

眠熬过漫漫寒冬。秋季，它们开始为进入冬眠做准备，直到来年春天才会苏醒。冬眠期间，动物的心率异常缓慢，血液温度远低于正常水平。试想，如果人类能每年冬眠一段时间，我们就再也不用为高昂的生活成本而烦恼了！

囊鼠和鼹鼠等哺乳动物看到地面的竞争如此激烈，便像矿工一样，在地下寻找安身之处。它们打通各处地道，寻找食物。有些动物，由于体形较小，无力对抗猛禽和兽类，只好生活在黑暗中。大量的小型哺乳动只在夜间活动，一生躲躲藏藏，不见天日，人类根本察觉不到它们的存在。夜幕降临时，无数昆虫和小型野兽离开巢穴，从岩缝到树洞，到处都有它们的踪迹。空中的蝙蝠、猫头鹰、夜莺和北美夜鹰，地上的兔子、老鼠、旅鼠、地鼠随处可见。鼬鼠、臭鼬、貂等食肉动物也喜欢夜间活动，它们在黑暗中的潜伏能力也得到增强。但它们必须遵循自然界弱肉强食的法则，有时它们会成为狼、狐狸、食鱼貂和山猫之类食肉动物的腹中餐。因此，无论生活在白天还是黑夜，动物大多有自己的天敌。

适　应

　　为了适应特定的生存环境，部分动物不得不改变自己。鲸鱼或许是哺乳动物中改变最彻底的一个，为适应水中的生活，它们改变了自己的生理机能和器官构造。海豹只改变了一小部分，因为它是水陆两栖动物。鼯（wú）鼠（又称飞鼠）的前后肢间有一层飞膜，使它们能在空中滑翔。蝙蝠的四肢到指骨末端之间有一层皮膜，形成一对宽大的翅膀，使它能像鸟儿一样飞翔，此外蝙蝠还天生自带雷达系统。地鼠、囊鼠、花栗鼠和松鼠将食物放在颊囊里，带回洞穴中储存起来。野兔的长腿善于奔跑；鼬鼠身材纤细，能够跟踪猎物进入它们的洞穴，或钻进岩石间的缝隙。袋鼠和其他有袋类动物会将幼崽装进自己的口袋。更格卢鼠和跳鼠有长长的尾巴，能帮助它们在跳跃时保持身体平衡。麝鼠和河狸的尾巴如同船舵一般，能帮助其掌握方向。负鼠能将尾巴缠绕在树枝上，使它们能够悬在空中。有些蜥蜴的尾巴极易折断，但折断的尾巴还能继续移动。有些螃蟹的钳子会脱落，不过还能长出来。

　　在这个世界的每一个角落，无论水中还是空中，动物们都能适应特定的环境。它们是如何生存下来的呢？答案很简单，就是不断地为生存而斗争。生物生存有两个必要条件，一是水，二是对抗天敌。生存竞争永无休止，动物不仅要和其他生物竞争，还要与同类竞争。在漫长的岁月中，弱

花栗鼠

鼯鼠

蓝　鲸

者被淘汰出局，甚至搭上自己的生命，而适者得以存活下去。

　　栖息地可能无法一直适合某种动物生存，这也是它们必须面临的问题。有些动物或许会选择离开，另寻居所，改变自身以适应新的环境。最终，它们会在新环境中养成新的生活习性，找到新的自我保护方式。有些动物可能会丧失一些技能、器官或同伴。鲸鱼的后腿便是这样退化的。自然选择对生物的影响极其深远，但它对物种繁衍的贡献究竟有多大，暂时还没法做出定论。显然，即便自然选择不是全部原因，也是至关重要的影响因素。生物特征未必能世代传承，但是它们适应环境的能力肯定会一直延续下去。

塘鹅"刹车"的瞬间

　　在自然界，动物们面临着激烈的生存竞争，在前面我已介绍了很多典型案例。本书中所列举的生物多为珍奇物种，但也不乏人们熟知的生物。有时，我们习惯了它们的存在，不觉得它们有任何特别之处。其实每一个生物都是独特的，因为它们不得不为了生存而斗争，从而改变自己。耐心的观察者会有新的发现。现在，我们言归正传，揭开生物世界的神秘面纱。

自带双光眼镜的鱼

在加勒比海地区的河流和入海口，生活着一种特别的鱼，叫作四眼鱼。

四眼鱼长仅13到18厘米，喜食浮游在水中的小鱼虾。因此，它必须同时观察水上和水下的动静。

　　四眼鱼的每只眼睛都有上下两个瞳孔。在水面捕食时，上部的瞳孔露出水面，从眼球上半区射入的光线通过晶状体聚焦后成像于视网膜的下半区；反之，从眼球下半区看到的物体又被感知于视网膜的上半区，这样四眼鱼就可以同时看到水上和水下的事物。

　　尽管四眼鱼能同时将水上和水下的事物尽收眼底，但上部的瞳孔需要水分的浸润，大多数动物依靠眼皮和泪腺来保持眼球湿润。四眼鱼没有眼皮和泪腺，因此每隔一段时间，它就得将头浸入水中，润湿上部的瞳孔。

烟雾弹和喷气推进技术的发明者

　　海战中，为了摆脱穷追不舍的敌舰，军舰会施放烟雾弹，然后在烟幕的遮蔽下快速逃离。很久以前，当人类尚未出现在地球上时，章鱼就已经开始采取这种防卫措施了。

　　如果被狼鱼或鳗鱼发现，这个长有八只"爪"的生物会朝敌人脸上喷射棕色或黑色的液体。黑色液体储存在章鱼体内的墨囊中。黑色液体是天然的烟幕屏障，章鱼得以逃之夭夭，藏身于岩石的缝隙间。章鱼还有另一

种伪装方式。它们的皮肤中含有多种色素细胞，通过伸缩细胞，形成各种颜色。细胞由橘、黄、蓝或棕等颜色构成，它们的肌肉壁使细胞不断收缩，直到颜色消失不见，同时它们也能让细胞膨胀数倍。不同的色素细胞能够单独膨胀，或与其他色素细胞相融，从而使章鱼的表皮形成不同的颜色。在海底游动时，章鱼能瞬间从深巧克力色变成暗红色，最终变成棕色。

遇到沙子和岩石时，它的皮肤会鼓起块状和脊状物，因此在任何情况下，它都不会被发现。

早在人类发明喷气发动机之前，章鱼就已开始利用喷气推进技术了。一股水流它从体内一个宽敞的腔体中喷出，推动身体运动，就像喷出的气体推动火箭一样。

裹着海绵铠甲的螃蟹

在热带海底遭遇危险时，绵蟹不会慌不择路地逃走。出去活动前，它会给自己裹上一层海绵"铠甲"。它将"铠甲"加以裁剪，使之与椭圆形的背部完全吻合。绵蟹还会确保海绵与背部紧紧贴合。随着年龄的增长，它还会每隔一段时间换上新的海绵。它挑选新海绵的精心程度，就像女士试戴新帽子一样。

当危险来临时，它会将足缩进海绵中。敌人一看它厚厚的海绵外壳，顿时没了食欲。

自然界的防空兵

从爱达荷州中部到育空河，美国西部山区遍布花白旱獭的足迹，它们多在山坡上活动。

花白旱獭一般体重在10到13千克，相较美洲土拨鼠而言，它是个大胖子。它们喜欢四脚朝天地躺在石头上晒太阳，让身体的每一个部位都沐浴在阳光下。

花白旱獭是群居动物，因此总是生活在自己的领地内。灰熊和金雕是它们最大的敌人。只要出来觅食，它们就暴露在危险之中。为了提防敌人，旱獭发明了一套防空预警系统，与人类的防空系统类似。在从洞穴通往觅食地的路上，旱獭会在沿途挖一些较浅的防空洞。只要有老鹰出没，它们就会立即躲到防空洞里面。

如果一只旱獭发现老鹰或熊的踪迹，它会马上发出尖叫，提醒同伴躲避危险，就像防空警报一样。毫无疑问，在哺乳动物里，旱獭的尖叫声最刺耳，传播的距离最远。1千米以外的地方也能听到，如果条件适宜，声音甚至能传至3千米以外。

负责放哨的旱獭在发出警报后，会立即躲入地下。危险过去之后，它会发出另一种声音，更低沉些，听上去像"警报解除"的信号。接着，山坡上会露出一个个灰色的脑袋，旱獭们又恢复了正常活动。

　　旱獭的生活离不开阳光。严冬来临时，栖息地一片荒芜，旱獭的主要身体机能会陷入停滞，它们就会开始冬眠。在冬眠期间，它们既不会长大，也不会变老。由于在冬季食物匮乏，部分动物会进入冬眠。冬眠是一种深度睡眠状态。

响尾蛇

灵敏的温度感应器官

即使响尾蛇看不见你，也别以为它不知道你就在那儿。铜斑蝮和响尾蛇都是"蝮蛇"家族的成员，这种蛇的鼻孔和眼睛之间有颊窝，故名。

以前，没人知道颊窝的作用。后来，美国自然历史博物馆的诺布尔博士发现，颊窝是感知温度的器官。他的实验很具说服力。他用浸过胶的棉

花堵住响尾蛇的鼻孔，在眼睛上贴上胶带。即使响尾蛇看不见任何东西，也闻不到任何气味，但它还是能准确无误地击中灯泡。如果灯泡置于被塞住的颊窝一侧，响尾蛇便无法击中灯泡；如果灯泡放在没有被塞住的颊窝一侧，它能够轻松击中灯泡。当两侧的颊窝都被塞住时，它会放弃攻击。

响尾蛇尾部能发出嘶嘶声，以此来警告敌人不要靠近。除非必要，它不常采取这种自卫手段。通常，人们认为响尾蛇的响环数量越多，它的年龄就越大，但这种说法有误。响尾蛇每年会长出新的响环，但是经过岩间缝隙的时候，响环可能会被刮落。

早春时分，若阳光和煦，响尾蛇会爬出洞穴四处游荡，或趴在石头上晒太阳。夏季来临，天气炎热，它们会待在灌木丛下的阴凉处，或将身体埋进沙中，只露出像铲子一样扁平的脑袋。

响尾蛇中空的毒牙与皮下注射器类似，毒牙尖端会渗出毒液。平时，它会把毒牙折叠起来。在美国，因响尾蛇而丧生的人数，远超死于其他爬行动物的人数。

雇用黄蜂当警卫部队

在中美洲地区，木棉树上常常会挂着一只只口袋状的物体，随风轻轻摇曳。这些"口袋"就是酋长鹂的巢。巢里有酋长鹂的蛋。除了豹猫和林猫，体形较大的蜥蜴和浣熊也在觊觎（jì yú）这些蛋。它们都是爬树高手，即使酋长鹂把巢建在高高的树梢上，它们也能轻松地把蛋偷走。

如果酋长鹂没有为自己配备警卫部队，它们的生存会非常没有保障。为了确保安全，它们选择与热带黄蜂比邻而居，将巢建在同一棵大树上。酋长鹂的活动不会惊扰到黄蜂，但是入侵者经过时，黄蜂就会大发雷霆。即使最勇敢的动物也不愿贸然闯入黄蜂的领地。

酋长鹂总是将家安在黄蜂巢和树干之间。如果黄蜂的巢被毁，或者黄蜂弃巢而走，酋长鹂将失去保护伞，面临灭顶之灾。

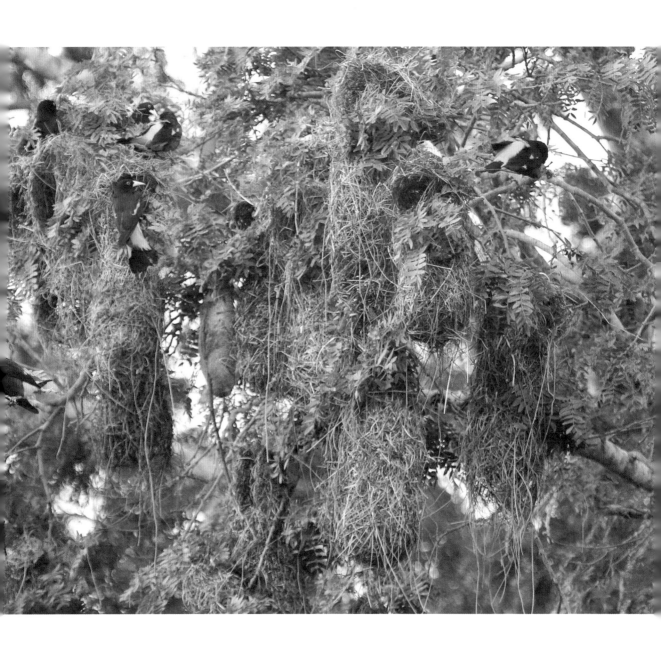

能看见身后的风景

　　眼镜猴是一种体形很小的动物，头圆，吻和颈短，耳朵薄而无毛，眼睛非常大，长得和青蛙有几分类似。和许多动物一样，黑夜对眼镜猴来说是一种掩护。它们是一种珍稀的小型猴类，主要分布在东南亚的菲律宾等地。

　　眼镜猴白天睡觉，当夜幕降临时，它们才开始觅食。它们行动极其敏捷，动作也非常轻盈。依靠夜色的掩护和超强的视力，它们可以从容躲过猫头鹰和其他掠食者。

　　在保持身体不动的情况下，眼镜猴能瞬间转动头部，用它那双圆溜溜的大眼睛观察身后的动静。一旦察觉到某些异样，它便会立即跃到另一根树枝上，比原先所在的树枝高出六、七倍。动物世界弱肉强食，眼镜猴的一双眼睛使它在这个危机四伏的世界中多了一份安全的保障。

犰狳

全副武装的骑士

犰狳（qiú yú）身披铠甲，全副武装的样子就像中世纪的骑士一般。犰狳上半身的每一寸皮肤都包裹在天然的角质鳞甲中。它们的耳朵上也长有细小的鳞甲。犰狳上下颌的前端都没有长牙齿，和食蚁兽一样，它们都是无齿生物，主要依靠舌头享用食物。

犰狳身体笨重，行动不便，听觉和视觉也不好，加上厚重的"铠甲"，导致它行动缓慢。此外，它头小脖子短，很像一只小猪。它自顾自地拖着沉重的步伐，从一个觅食点前往另一个觅食点。一旦察觉到危险，它会立即退回到洞穴中，如果不幸被狗或其他天敌逮住，它就会蜷缩成一团。

犰狳有时会有一群奇怪的邻居。据报道，在美国得克萨斯州，在一个犰狳洞穴的一头，住着一条响尾蛇和一只兔子，三者竟然能和睦相处。

小犰狳一出生就能睁开眼睛，四到八岁的时候，它们的鳞甲开始富有弹性，如质量上好的皮革一般柔软。随着年纪增长，鳞甲不断变硬。到了能外出的年纪，小犰狳会亦步亦趋地跟在大犰狳后面，经历一场场觅食之旅。

很久以前，犰狳族群有很多分支，一些体形较大的犰狳分布在南美洲的大平原上。至今，仍有很多体形较小的犰狳生活在那里。美国本土很难见到犰狳，它们在南美洲的分布范围较广。

刺猬

将自己蜷成一只球

　　刺猬的自我保护方式非常有效。它们的身体一般长约20厘米，全身长满尖刺。作为自卫武器，这些尖刺其实已足够了。此外，刺猬的肌肉非常特别，面临危险时，它们可以将身体蜷成一团，像个大板栗的刺壳。

　　刺猬多生活在欧洲、亚洲和非洲，在美洲基本见不到刺猬的身影。在美洲，豪猪是最像刺猬的一种动物。

刺猬（左）板栗刺壳（右）

雄火鸡

野火鸡

不冒一丝风险

　　"火鸡"一词的来源非常有趣。一开始，非洲的珍珠鸡经由土耳其进入欧洲，它们被人们叫作"火鸡"。16世纪，欧洲从美洲引进一种鸟，人们很难将它和非洲的珍珠鸡相区分，便把二者都当作火鸡。从那时起，这种鸟便得名"火鸡"。

雌火鸡

发现新大陆时，大量火鸡生活在墨西哥和新英格兰地区东部。火鸡数量众多，肉质鲜美，它们常出现在印第安人的餐桌上，也曾是早期殖民者重要的食物来源。

尽管体形较大，野火鸡却是最难猎捕的动物之一。野火鸡天生具有敏锐的听觉和视觉，以及异乎寻常的警觉性。

如果猎人想从暗处射击火鸡，在狩猎季节开始前，他就必须搭建好遮蔽物，让火鸡习惯遮蔽物的存在。即便如此，如果遮蔽物附近突然有一根树枝掉落，火鸡立刻能发现异常，然后躲到安全的地方。

火鸡会在地上挖一个洞作为自己的安身之所，周围有茂密的灌木丛做掩护。雌性火鸡会在巢的周围铺上干草或少量树叶，产下八到十五枚米白色的蛋，蛋表面有红棕色和淡紫色的斑点。

外出觅食时，火鸡会小心翼翼地用干草或树叶遮盖自己的蛋。按照猎人的说法，火鸡要飞出很远的距离，这样就不会暴露任何踪迹，狐狸或野猫就难以找到它的窝。

用泡沫筑成堡垒

　　作为身长不足一厘米的软体昆虫，沫蝉是一种不起眼的生物。在植物的茎和叶片上经常能见到它的身影。

　　沫蝉在长出翅膀和腿之前，它时刻生活在危险中。沫蝉非常聪明，它为自己建造了一个堡垒，与昆虫世界的其他堡垒都不一样。

　　出生后不久，沫蝉就开始分泌一种液体。它用尾巴拍打液体，直到形成一堆足以覆盖全身的小气泡。

　　泡泡堡垒竣工时，沫蝉藏在蛋清状的泡沫下面。形成气泡的液体黏性很高，不仅能帮助沫蝉伪装自己，还能防止气泡破裂。

食蚁兽

以蚂蚁为食

食蚁兽的长相怪异，简直就像噩梦中才会出现的生物，鼻子长而尖，前腿粗壮，巨大的尾巴上长满了浓密的毛，世界上没有哪一种动物与之相似。在美洲中部和南部的河流沿岸，分布着低地草原，食蚁兽就生活在那里。那里有它们最爱吃的白蚁。

它们用强有力的前爪从蚁丘侧面挖出一个口子。白蚁从口子往外冲时，食蚁兽就伸出长长的舌头，上面沾满了黏稠的唾液，舌头就像粘蝇板一样，在白蚁间来回扫动。

食蚁兽行动缓慢，但这并不意味着它毫无招架之力。它的前爪锋利如刀，能造成很严重的伤口。不过和大多数动物一样，它们一般情况下不具有攻击性。

夜间睡觉时，它们会蜷起四肢，缩成球状，把自己包裹进灰棕色的粗大尾巴里，看上去就像一团干草。

塔楼是它的据点

　　如果你在荒地上看到一个圆圆的小洞，直径和一枚五分硬币差不多，且洞的周围有用小石子、干草或其他废弃物堆砌成的塔形建筑，可能就是狼蛛的城堡。往下挖约40厘米，你就能发现这座城堡的主人了。

　　觅食期间，它会坐在塔楼上，等待自己的猎物靠近。当有昆虫在周围出没，它就会像狼一样迅速出击，将猎物带回自己的城堡，饱餐一顿。

　　一旦狼蛛受到惊扰，它会马上撤入塔楼，回到自己的洞穴里。

精通环形防御战术

在冰天雪地里，麝（shè）牛的黑色身躯是如此显眼，因此它们不可能依靠隐匿色来掩护自己。除人类之外，狼是它们唯一的天敌。

它们结队而行，通常二十多头组成一支队伍。当被敌人围困，陷入绝境时，麝牛会围成一圈，头朝外，亮出尖利的犄角。只要环形防御圈能保持不变，它们就能有效抵御狼群的攻击。

麝牛的身躯庞大，看上去很笨重，但它们的奔跑速度非常快。它们的视力虽不佳，但嗅觉很灵敏，能够捕捉风中微弱的狼的气味。

麝牛的体毛分为两层，表面的长毛相当于雨衣，下面还有一层柔软的厚绒毛，可挡住冷风和潮气。

从化石来看，在冰河时代，麝牛曾在欧洲和亚洲北部生活过，但它们后来长期生活在美洲的极寒地带。

喙既是捞网也是炖锅

白鹈鹕（tí hú）有一个大喉囊，长在喙的下方，喉囊蓄水时会膨胀。它们会把自己的喉囊当作捞网，捕捞小鱼。鹈鹕在栖息地时，会用喉囊储存小鱼，留给幼崽们享用，但是，当它们在脖颈负重的情况下飞行时，为了保持平衡，就不得不丢弃食物。

人们也许会好奇，鹈鹕的喙这么大，它是怎么给刚刚出壳的小鹈鹕喂食的呢？其实，办法很简单。鹈鹕从喉囊前端反刍出鱼的碎末，小鹈鹕刚好接住食物。幼鸟大些时，它们就能吃到老鹈鹕喉囊更深处的食物了。当幼鸟在老鹈鹕的喉囊中寻找食物时，它们整个脖子和头仿佛消失了一样。

在美洲东部和西部，人们都能见到白鹈鹕的身影。白鹈鹕的体形和颜色如此醒目，以至于它们不得不到遥远的岛屿上繁殖后代。

河　狸

天生的工程师

　　啮（niè）齿类动物大多智力不高，但河狸是个特例。河狸勤勤恳恳、心灵手巧，一直以来备受赞誉。

　　河狸的生存离不开树木。有时，它们会咬断直径达1米的树木，通过巧妙的方法，让断木恰好落在池塘中央。它们擅长用树枝、泥巴和小石头筑成水坝，阻断水流，从而保证池塘里有充足的树木可供食用。在池塘一侧，它们会用树枝和泥巴建一座高出地面20到25厘米的锥形木屋。木屋的入口通常在水下，它们经由暗道进入屋子内部。木屋内部足够宽敞，可以住下一对河狸和它们的幼崽。它们还会以池塘为起点，挖出一条运河，流经树林的平坦地带。这样，树枝就能经由运河抵达木屋和水坝。河狸修筑堤坝与开凿运河的技术丝毫不逊色于人类的工程技术。

自然界的雷达专家

　　女士，别担心，就算蝙蝠在你的房间里到处乱飞，它也不会钻进你的头发里的。它天生具备一套雷达系统，从而能够避开障碍。就像你不喜欢它钻进你头发里，它同样也不喜欢。有些蝙蝠发出的声音频率非常高，超出人类的听觉范围，只有借助设备，才能探测到这些声音。

蝙蝠有着与鸟类相媲美的飞行能力和非凡的适应力。蝙蝠的四肢到指骨末端之间有一层皮膜，形成了一对宽大的翅膀，使它能够俯冲和转弯。蝙蝠在捕食昆虫时所达到的飞行速度，除刺尾雨燕外，没有鸟类能与之匹敌。

棕蝙蝠最独特的一点在于它飞行时能承载三到四只幼崽。在蝙蝠幼崽非常小的时候，它们会在母亲飞行时紧紧贴在母亲的身体上。

棕蝙蝠数量稀少，它们很少生活在岩石缝隙间，多出现在阳光充足的树丛间。它们的耐光性使其在蝙蝠家族里显得十分特别；它们比其他蝙蝠开始捕食昆虫的时间要早得多。棕蝙蝠多出没于池塘或河流附近，有时会一头扎进河中饮水。

微型干草机

从俄罗斯的乌拉尔山脉，到亚洲和北美洲西部，在靠近森林的高山岩石间，生活着一种生性胆小但机智的动物——鼠兔。

它和豚鼠的外形相差无几，小小的脑袋，四肢较短，基本没有尾巴，毛纤长，兼具鼠类和兔类的特征。

鼠兔以暗灰色或棕色居多，当它们坐在岩石上，保持静止状态、与岩石完美融合时，很难被肉眼发现。鼠兔警惕性很高，一旦发现敌人出没，它会立刻发出尖叫，周围所有鼠兔会瞬间躲入自己的石头堡垒中。

鼠兔天敌众多，其中最大的敌人是饥饿。它以植物为食，夏季时，它不愁没有食物，可一旦到了冬季，一连数月，山坡上都会积着皑皑白雪。它必须提前准备食物，以度过漫漫寒冬。夏季将要结束时，鼠兔便开始收集食物。它每日来回奔波，穿梭在山岩间，把草运回家。它剥落矮草的茎秆，捆成一束，叼回家中。到家后，它将草摊开，在阳光下晒干，再将干草运到"谷仓"里。"谷仓"就是岩石间的缝隙。每个"谷仓"可以储存一大堆干草。新墨西哥州的山上生长着三四十种植物，其中包括数种鲜花，因此干草堆中的植物种类众多。

穿裙子的树

在非洲中部，生长着一种木棉树。

枫树或橡树的树干呈圆柱形，而木棉树的树干像衬裙的褶皱一样，向四周延伸。

这些褶皱沿着树干向上延伸9到12米，像裙子一样伸展开，下摆足以罩住一间小屋子。

裙状结构自有妙用。龙卷风经常光顾非洲中部地区。木棉树的树根非常浅。如果没有裙状结构作为支撑，很容易就被连根拔起。

长得像蟾蜍的蜥蜴

在美国亚利桑那州，"角蟾"是孩子们爱养的一种宠物，但它其实并不是蟾蜍，而是蜥蜴，所以对它正确的叫法是角蜥。角蜥长约10厘米，身体扁平，尾巴不长，长满刺状的鳞甲。它们生性温顺，没有攻击性。

角蜥的身体多为暗沙色，看上去就像棕色土地上的小土块。它们受惊时，会从一侧"闪到"另一侧，用爪子挖掘沙土，直到自己潜入沙土中。海豹在水下游泳时会紧闭鼻孔，角蜥在挖沙土时也会如此。

最受欢迎的鸟

　　当知更鸟突然落在草地上，将头侧向一边，用明亮的棕色眼睛盯着你时，它不是害羞，而是正在探听草地下蚯蚓的动静。片刻后，它就会从小洞中拖出一条长长的蚯蚓。依靠天生的敏锐听觉，知更鸟才得以填饱肚子。

　　知更鸟是人们最熟悉、最欢迎的一种鸟。它们的到来意味着春天的来临。在美国南部，冬天时知更鸟是广袤大地上唯一的生物，它们经常出没于松林间，以半干的浆果为食。

　　知更鸟是筑巢小能手，它们的巢非常精致。它们将厚泥和碎草混合在一起，再辅以树叶和草茎加固，最后在巢中铺上软软的干草。雌鸟用自己的胸脯一遍遍挤压巢壁，使之成型。知更鸟的蛋颜色很美，被称作"知更鸟蛋蓝"。

　　知更鸟喜欢吃樱桃、草莓等水果，也喜欢吃害虫。知更鸟可以说是人类最好的朋友之一。

一片行走的叶子

叶蝣是生活在树上的一种昆虫，和螳螂是近亲，但螳螂生性凶残，而叶蝣生性温和。

在昆虫界，它们是最高明的伪装者之一。伪装帮助它们平安度过生命的每一个阶段。它们的虫卵就像枯萎的多刺种子一样。小叶蝣出生时没有翅膀，红色的身体非常光滑。它们经常在树梢进食，不过人们几乎发现不到它们。

成年叶蝣的身体是绿色的，身体的形状和纵横交错的纹脉和一片绿叶一模一样。它们身体上错落分布着黄色的小斑点，边缘呈锯齿状，好似曾被昆虫啃食后留下的一道道齿印。

叶蟾还有另一种伪装手段：当微风轻拂树梢时，它们会前后摇晃身体，模仿树叶随风飘荡的样子。

长得像蛇的蜥蜴

　　蛇蜥是个脆弱的小生物，它们一不小心就会折断尾巴，但过不了多久，在尾巴折断处就会长出新尾巴。蛇蜥其实是蜥蜴的一种，它有外耳孔和可活动的眼睑，这些都是蛇类所不具备的特征。

　　美洲蛇蜥色彩多样。有些蛇蜥的鳞片是黑色的，带有亮绿色的斑点，部分蛇蜥的鳞片上有黄色斑点，像抛光的玻璃一样。

　　如果蛇蜥的尾巴被抓住，它稍一用力，尾巴就会折断，但不会流血。折断的尾巴会不停地跳动，比没断时还要灵活。尾巴折断时，蛇蜥会试图逃跑，但由于没有四肢，身体只能横向移动。

我有锋利尖爪与丝绒羽翼

　　大雕鸮（xiāo），素有"空中猛虎"之称，是美洲最凶猛的鸟类。它那尖利的爪子能轻松穿透猎物的皮。

　　大雕鸮常常会发出刺耳的尖叫声，是丛林深处最令人毛骨悚然的声音。

　　它是常在夜间出没的猎手。它主要猎食野兔和土拨鼠，有时连火鸡这样的大鸟也不放过。大雕鸮有时甚至会攻击臭鼬，丝毫不受臭鼬气味的影响。在北方森林，只有浑身是刺的豪猪能幸免于难，因为大雕鸮实在无从下爪。在马萨诸塞州，曾有一只大雕鸮抓住一条大黑蛇，黑蛇缠住它的身体，这只鸟儿差点窒息而亡。

在气候寒冷的地区，大雕鸮在2月或3月初开始入巢；在弗吉尼亚，它们在1月末开始入巢。这些巢通常是老鹰或乌鸦废弃的巢，雌鸟和雄鸟都会孵蛋。雌鸟会产下两枚蛋，第二枚蛋会和第一枚蛋间隔一段时间。有趣的是，母亲外出时，第一只破壳的幼鸟会保护尚未孵出的蛋。作为父母，大雕鸮对孩子呵护有加，一旦人类靠近它们的巢，它们就会勇敢地发起攻击。

背着匕首的鱼

加勒比扳机鱼有两根锋利的背鳍（qí），长在头部后方。通常，扳机鱼的背鳍位于背部的浅槽中，当它们感到兴奋或害怕时，前端的鳍刺会直直地竖起。后端的鳍刺较小，可帮助扳机鱼浮起整个身体。用外力挤压、扭曲或转动都无法使鳍刺张开。当扳机鱼张开鳍刺时，那些想要将其一口吞下的大鱼将无计可施。

有些扳机鱼用另一种方式保护自己。鱼鳔是一层紧绷的膜，长在胸鳍后方。鱼鳔就像鼓皮，胸鳍击打鱼鳔，产生的声响或许会吓退敌人，但也有可能只是传递信号。

沙漠植物如何应对缺水危机

千里光草是一种常见的草，它与豚草不同，豚草可诱发枯草热（枯草热又称花粉症，是一种因吸入外界花粉而引起的春夏季过敏性疾病）。银月是千里光草的近亲，主要分布在非洲地区。

与千里光草相比，狗舌草叶片较薄，保水度高，能在旱季储存充足水分。对于植物而言，这是一种非同寻常的适应方式。在沙漠地区，巨型仙人掌也采取同样的方式度过旱季。雨季时，仙人掌的沟槽鼓胀，储存水分，为度过旱季做准备。其他仙人掌也会如此。旅行者身处沙漠时，可以劈开这类植物的枝茎，获得储存其中的水。

千里光草

出生即成年

有些鸟儿讨厌待在巢中照顾幼鸟。它们产下蛋后，就会把一切抛在脑后，一飞了之。

冢雉（zhǒng zhì）生活在菲律宾和澳大利亚，它们繁衍后代的方式非常简单。它们像爬行动物一样，在沙地上产下蛋，并用沙子小心覆盖，鸟蛋借助阳光的温度自行孵化。

冢雉和家禽的体形相仿，就其体形而言，它的蛋非常大，和鹅蛋差不多大小。一旦产卵结束，冢雉就会离巢，让蛋自行孵化。即使一出生就被抛弃，幼鸟也能活得很好。幼鸟在破壳而出的那一刻就能飞翔。如果冢雉没有这种本领，它们早就灭绝了。

后天学来的游泳技术

　　海豹依然处于从陆栖生物到水栖生物的进化阶段。它们会在陆地或冰上，产下幼崽，在水中度过的时间并不算长。再过几百万年，海豹的身体结构和生理机能或许会彻底改变，就像鲨鱼和海豚一样。

经过漫长的进化，它的后肢转移到身体末端，呈鳍状，以便于在水中游动。和鲨鱼类似，海豹的皮肉间有一层厚厚的脂肪，叫作"鲸脂"。"鲸脂"可以防止海水吸收动物体内的热量，从而起到保暖的效果。

　　母海豹一次生下一只小海豹，有时是两只。和其他陆地哺乳动物一样，海豹用母乳喂养幼崽。奇怪的是，海豹并不是天生就会游泳，而是要靠后天学习。母海豹将幼崽扔进水中，任由它们在水中扑腾，直到它们学会游泳为止。

　　大多数海豹生活在寒冷的两极海域。除人类外，鲨鱼和虎鲸是它们最大的天敌。几千年来，它们一直生活在海洋中，这里的生存竞争远没有陆地上激烈。

沙漠之舟

骆驼长相怪异，脖颈粗且长，背有驼峰，四肢细长，蹄大如盘，仿佛是由各种差异巨大的零件组装而成的动物。

如果骆驼没有长成这般模样，或许它们早就消亡在沙漠中了。每喝足一次水，骆驼可连续五至六日不饮水。干且坚硬的灌木和粗草是它最钟爱的食物。如果一直生活在水草丰美的草原上，骆驼可能会生病甚至死亡。沙漠对牛马而言或许是死亡之地，但对骆驼来说，却是欢乐之地。它的肚子鼓得像个球，驼峰里充满脂肪。它将食物和水储存在肚子和驼峰里。食物短缺时，它依靠这些维持生命。它迈着沉稳的步伐行走在沙漠中，丝毫不见疲态。

骆驼的脚趾上长有肉垫，与雪地鞋的功能类似，脚踩在流沙上，几乎不留下任何印记。它们能像机器一般，以每小时4千米的速度不停奔跑。

双峰驼主要生活在亚洲地区。它们是耐寒动物，身上厚

厚的绒毛能抵御戈壁沙漠的冰雹和大风。温度降到零下时，骆驼会处于最佳状态。寒冷对它们几乎没什么影响。

单峰驼主要生活在非洲，它们最爱撒哈拉沙漠的炎热气候。它们的绒毛较少，皮肤几乎完全裸露，若是生活在戈壁沙漠，可能挨不过一个月。

骆驼实际上起源于美洲。数百万年前，骆驼和羊差不多大小，生活在美洲西部平原。不知何故，它们离开了美洲大陆，跨过冰封的白令海峡，迁徙到了亚洲和非洲。它们逐渐改变了自己的习性和外部特征，以适应在新栖息地的生活。

最出色的伪装者

莺雀在蔷薇丛中寻觅昆虫。毫无疑问，它们找到桦尺蠖（huò）幼虫要比找到其他昆虫难得多。

桦尺蠖幼虫会伪装成蔷薇枝。它们的绿色皮肤上有一些小斑点。当它们弓起细长的身体与蔷薇枝保持相同的弯曲角度，此时它们与小一节树枝别无二致。

桦尺蠖幼虫有着小小的粉红色前足，为了迷惑敌人，它将其伪装成树枝的嫩芽，效果足以乱真。

昆虫是自然界最高明的伪装者。一般情况下，它们会故意模仿令天敌恐惧或厌恶的对象。桦尺蠖幼虫仅模仿自己周围的事物。即使视力再敏锐的鸟儿，也难以识破它们的伪装。

会虚张声势的大块头

黑猩猩可以轻松爬树，但由于体重原因，大猩猩做不到这一点。大猩猩的前肢强劲有力，后腿短小，力量相对较弱。尽管如此，它们还是能直立行走，甚至能直立奔跑一段距离。

当领地遭到进犯时，它们会直起身躯，捶打胸部，发出骇人的咆哮，做出一副要发起进攻的样子。这其实是在虚张声势，因为如果敌人不离开，大猩猩就会立刻停下来，迅速离开。

大猩猩的天敌较少，动物们一看到它强有力的臂膀和长长的尖牙，就会退避三舍。就连狮子都不愿与成年大猩猩正面交锋。

会爬树的鱼

　　在婆罗洲北部的红树林沼泽中，生活着一种奇特的小鱼，仅数厘米长。这种鱼叫作弹涂鱼，又名跳跳鱼，是自然界最奇特的生物之一。弹涂鱼一生中多数时光都生活在浅水的淤泥中，不过有时候或为了觅食，或为了晒太阳，它们会跳出水面，爬到树上或石头上。

　　跳出水面时，弹涂鱼的鳃内充满空气。它们主要通过尾部皮肤进行呼吸，比用鳃呼吸的效率更高。鱼身离开水面，尾部浸在水中，它们可以存活36小时，而用鳃呼吸，存活时间不足18小时。弹涂鱼已经习惯了离开水的生活，要是强行让其一直生活在水中，它们可能会无法适应。

　　除了能用尾巴呼吸，弹涂鱼还有其他独有的特征。它的眼珠可以转动，能够适应空气中和水中两种环境。弹涂鱼眼睛的球镜离视网膜很近，特殊的眼部肌肉可以帮助其调节球镜，使得弹涂鱼能够看清较远的事物。

哺乳动物界的轻量级格斗冠军

　　鼩鼱（qú jīng）是世界上最小的哺乳动物之一。它们虽然体形小巧，却是凶悍的捕食者。

　　鼩鼱长约10厘米，体重不过110克。它们身体细长，鼻子又长又尖，耳朵被浓密的皮毛覆盖。鼩鼱主要以昆虫为食。在冬季和夏季，鼩鼱每天都会消耗掉相当于身体重量四分之三的食物。由于消化食物的速度非常快，因此，无论白天还是黑夜，它们一直在为觅食而奔忙。

　　鼩鼱的视力不佳，它们主要依靠鼻子收集外部世界的讯息来捕获猎物。

　　鼩鼱生性孤僻，喜爱独居。如果把两只鼩鼱放在同一个笼子里，它们会立即陷入厮杀，胜者会吃掉对方的尸体。

　　鼩鼱分布较广，遍布英格兰、亚洲、北美和中美洲的危地马拉等地。

自然界的模范父母

丝兰蛾主要分布在北美地区，以丝兰为食，它们哺育后代的方式非常聪明。产卵期到来时，丝兰蛾爬至丝兰的花蕊深处，带来大量从其他丝兰处采来的花粉。

随后，它小心翼翼地将花粉撒到花蕊中。当丝兰蛾的幼虫破茧而出时，丝兰的种子也成熟了，幼虫以丝兰种子为食。丝兰蛾靠这种办法，确保了幼虫出生后有充足的食物。

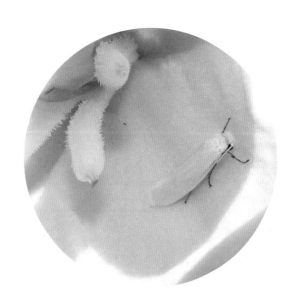

掌握了飞踢绝技和逃离策略

鸵鸟的翅膀力量不足，无法让自己飞起来，最终完全成了陆栖生物。自然赋予鸵鸟强劲有力的长腿，让它能在草原上飞奔，速度堪比骏马。如果敌人突破安全距离，鸵鸟就会立刻跳起来，双脚向前猛踹。鸵鸟主要依靠警惕性、速度和战斗能力在广阔的非洲大草原上生存下来。

雌鸵鸟会在草原的开阔地带筑巢。当它们孵蛋时，为了便于隐藏自己，会伸出长长的脖子，平放在地面上。如果敌人距离过近，雌鸟和雄鸟就会跑开，引诱敌人远离自己的巢。

爱搭"顺风车"的鱼

　　䲟（yìn）鱼是最爱搭"顺风车"的鱼类之一，它们头顶有一个吸盘，使它们能够吸附在鲸鱼、鲨鱼或鳐鱼身上，当然，被吸附的鱼类并不是很享受。当鲨鱼吞食其他鱼类时，䲟鱼会在周围吃鲨鱼剩下的残渣。接着，它们会继续吸附到鲨鱼身上，抵达下一个觅食地点。

　　如果䲟鱼受惊，它们会一头扎进鲨鱼嘴中，寻求庇护，紧紧贴在鲨鱼的牙龈后面。鲨鱼的舌头基本上不能活动，它没有办法攻击或摆脱这些不速之客，只能静静地等它们主动离开。䲟鱼会等到危险过去，才出来。䲟鱼没有给鲨鱼任何好处，就获得免费的"顺风车"服务、食物和保护。

　　䲟鱼一般长仅7厘米左右，部分䲟鱼可以长到20到25厘米。

能倒着飞的鸟

　　蜂鸟是世界上唯一可以倒着飞的鸟，也是世界上已知鸟类中体形最小的。吸蜜蜂鸟是蜂鸟中最小的一种，长仅6厘米。蜂鸟不仅喜欢吃花冠中香甜的花蜜，花冠中的小飞虫、蜜蜂、甲虫和蜘蛛等也会成为它们的食物。蜂鸟吸收昆虫体内的营养物质，将没有营养的部分吐出。蜂鸟的翅膀振动频率很高，飞行中能迅速捕获小昆虫。

　　人们总是混淆天蛾和蜂鸟。天蛾在夜间出没于牵牛花周围，和蜂鸟一样，它们也喜欢在花冠间探索。

　　蜂鸟巢的内部由柔软植物构成，呈杯状结构。巢的外部覆盖着树皮和青苔，再以蜂鸟偷来的蜘蛛网加以固定。蜂鸟的巢就像枝杈间凸起的部分，即使最敏锐的眼睛，也难以发现。这也是一种巧妙的伪装。

亚马孙树蛙

懂得自给自足

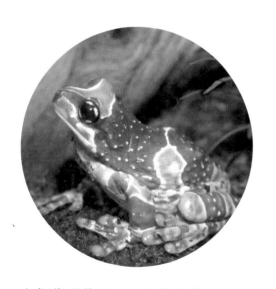

于亚马孙树蛙而言，安家是养家糊口最艰难的一步。

树蛙寻找树干的中空处，用于储备雨水。一旦树干中空处盛满雨水，树蛙就开始产卵，繁衍后代的工作算是告一段落。此后，它的后代们有了一个舒适的居所，可以舒舒服服地享用食物——它们肥大的尾巴。在从蝌蚪变成蛙的过程中，它们靠吸收尾巴上的营养物质，为身体提供能量。直到它们变成蛙前，它们都不需要摄入其他食物。

靠"装死"保护自己

新生负鼠全身光秃秃的，紧紧咬住位于母鼠育儿袋内的乳头。它们会一直待到口袋装不下它们为止。幼鼠有时候会趴在母亲身体上，用小爪子抓住母亲厚厚的皮毛。

　　有一种流传甚广的说法：负鼠妈妈背着幼崽时，会把自己尾巴靠到背上，让幼崽扶着，就像栏杆一样，可防止幼崽摔落。这种现象其实非常罕见。负鼠在树枝间穿梭，需要靠尾巴保持平衡。若幼鼠都扶着母亲的尾巴，负鼠将很难保持平衡。

　　"装死"是负鼠的拿手好戏。当走投无路时，它们会立即躺倒在地，眼睛半睁半闭，四肢瘫软无力，就像死了一般。这时如果去抬起负鼠身子，使之站立，它还是一副"死了"的样子。

　　有袋类动物多生活在澳大利亚。美洲的负鼠是少数生活在澳大利亚和它邻近岛屿之外的有袋动物。

海洋中的伪装大师

叶海龙是海洋中最绚丽夺目的生物之一。

在印度洋和太平洋的浅海区，叶海龙在摇曳的海藻间安家。成年叶海龙长仅25厘米，对于大多数天敌而言，叶海龙体形较小，且不具备任何防御手段。叶海龙总在水中保持直立姿势，因此游得非常缓慢。

利用尾巴的卷曲能力，叶海龙可有效伪装自己。要不是因为善于伪装，叶海龙可能很早以前就灭绝了。

叶海龙的附肢纤长，呈叶状向外延伸。附肢的形状、颜色和纹理与海藻极为相似，一旦它与海藻缠绕在一起，肉眼难以将其分辨出来。通过这种方法，它常常能躲过敌人，此外还能防止自己被汹涌的暗流卷走。

猎　豹

跑得最快的动物

　　猎豹的短距离冲刺速度可达每小时120千米。它们四肢细长，身体纤瘦，胸部较窄，全身器官好像都是为快速奔跑而生。不过在长距离奔跑上，它们赢不了瞪羚，因此，它们必须隐藏自己，直到猎物靠近，才能发起突袭。

　　在古代印度，贵族们会用猎豹猎捕生活在平原上的黑鸭子和瞪羚。

　　猎豹和美洲虎身上的斑点，与雨林中的阳光、树叶和草的阴影巧妙融合，形成近乎完美的伪装效果。

　　猎豹只生活在非洲和印度。

海中杀手

一般情况下，鲨鱼不会攻击活的大型哺乳动物，除非它们被激怒或闻到了血腥气味。

在较早的地质年代，大白鲨就已存在。它们像老虎一样凶残，在海中横行无忌。

鲸鲨是世界上最大的鱼类，长约37米。鲸鲨没有攻击性，因为它们的牙齿不适合咀嚼体积较大的食物。

为了适应在淡水环境中生存，部分鲨鱼改变了自己的生理机能。尼加拉瓜湖牛鲨便是其中之一。它们体形庞大，性情凶猛，对不小心掉落河中的当地居民来说，它们实在很可怕。

多数鲨鱼是胎生，小部分鲨鱼是卵生。鲨鱼蛋是椭圆形的，样子比较古怪。它们会在海底找个隐蔽的地方存放自己的蛋，再以海草遮盖。

舞动的音乐家

蟋蟀善于跳跃，喜欢鸣叫。对于它们来说，生命不息，鸣叫不止。

它的乐器非常简单，就是锯齿状的硬棘（jí）和振动的鼓膜。蟋蟀两翅一张一合，相互摩擦，使四个鼓膜同时振动。下部的两个鼓膜直接摩擦，上部的鼓膜通过翅膀振动发出声音。没人知道蟋蟀为何喜欢鸣叫。或许是因为它天性乐观，无忧无虑；或许是为了识别同类，发出求爱信号或预警信号。

蟋蟀会时刻提防敌人，尤其是蜥蜴和蚂蚁。

伟大的法国昆虫学家法布尔曾说过，蟋蟀长得大些时，就会渴望有一个终身伴侣。它会选一处阳光充足的地方挖洞。刚开始，它会建一座小房子，接着不断改造和扩建，再把门前打扫得干干净净。夏夜，它会坐在自家门前，独自弹奏自己的"乐曲"。洞穴入口隐藏在杂草丛中，以防被入侵者发现。

长颈好似"伸缩梯"

　　数百万年前，长颈鹿同霍加皮（一种非洲鹿）一样生活在森林中。大自然赐予长颈鹿两个本领。保护色帮助长颈鹿在森林中隐藏自己，高大的身躯使其能够吃到树木顶端的叶子。成年长颈鹿高约5米，它们的腿只能长到一定高度，超出限度可能会对身体造成损伤，因此长颈鹿的高大主要得益于自己"伸缩梯"般的长颈。

　　长颈鹿不满足于生活在森林中。它们从森林迁徙到草原，只在草原的边缘觅食。一旦到了开阔地带，它们身上的斑点就变得非常显眼。至于它们的长颈，并不会影响生存，但也没多大帮助。它们依靠长腿保护自己。一双长腿使它们奔跑速度惊人，狠踢一脚可致敌人重伤。长颈鹿仅生活在非洲。

最长寿的动物

两个世纪前，拿破仑被流放至圣赫勒拿岛。一百年后，一只乌龟从阿尔达不拉岛来到圣赫勒拿岛。它看上去非常虚弱，没人知道这只乌龟到底多少岁。不过，生活在毛里求斯岛的另一只乌龟比它更年长。1810年，法国割让毛里求斯时，还在合约中特别提及了这只乌龟，它被当作国家财产割让给英国。据说它曾在毛里求斯生活了70年，因此保守估计，它当时有200多岁。乌龟是寿命最长的动物，很少有动物能像它们一样活那么久。

乌龟很久以前就生活在地球上，在漫长的岁月中，它们的变化很小。四百万年前的乌龟和今天的乌龟没多大区别。

乌龟是最早的"坦克"，坚硬厚重的龟壳可能是它长寿的原因。龟壳为其提供保护，同时不会妨碍它的活动。乌龟行动缓慢，或许也是其长寿的原因。它的器官老化速度较慢，不受更活跃的动物菌株的影响。

军舰鸟

滑翔冠军

军舰鸟就像有羽毛的滑翔机。它们可以连续数小时不扇动翅膀，在高空螺旋上升，或懒洋洋地滑翔。通过改变飞行角度，它们能轻松掌控飞行方向。这种改变非常细微，肉眼难以发现。

军舰鸟的外形独特，双翼张开足有2米。数千只鸟在空中翱翔，双翼保持静止，就像一支空军部队。

黄昏时分，它们栖息于灌木丛中或岸边的红树林里。它们的脚力量较弱，有点笨拙，如果不在高处起飞，它们很难飞起来。

从严格意义上来讲，军舰鸟是一种热带鸟类。

永远不会长大

长久以来，博物学家们认为，世界上根本不存在这样完美的生物，它们在连续数年不脱鳃（sāi）的情况下，还能繁衍后代。但美西螈（yuán）的出现，证明他们错了。

美西螈的父母在完成蜕变后，就会离开它们生活的水域。它们生活在从墨西哥到美国西部沿途地区的湖里。它们会在堤岸边寻一处食物充足、水流稳定的僻静处。没什么能阻止它们离开大湖，但它们也没理由这样做，因为它们实在找不到更好的居所了。

曾生活在陆地上

　　几百万年前，鲸鱼和它们的近亲海豚曾生活在陆地上，靠四肢行走，这听上去有些不可思议。它们身体纤长，有着尖尖的脑袋和鳍状四肢，看上去与鱼类相似，因此很多人并不知道它们原本是陆栖哺乳动物。

　　海豚和鲸鱼在水下时会屏住呼吸，如果待在水中的时间过长，它们会溺水而亡。大多数海豚的鼻孔长在头顶，呈半圆形。潜水时，鼻孔紧闭。一旦浮到水面，它们会长呼一口气。呼出的气温度较高，在较冷的空气中会凝结成柱状的水蒸气。一般认为，海豚通过嘴吸入海水，通过鼻子喷出海水。

　　和鲸鱼一样，海豚是胎生动物，幼海豚靠母乳喂养。

　　它们的智力很高，极其宠爱自己的幼崽。海豚为何会离开陆地，到水中生活，并且彻底改变自身生理机能和内在结构，仍然是未解之谜。如果没学会通过闭合鼻孔屏住呼吸，它们无法在水中生存。

美洲麻鸭

随风摇摆的鸟儿

有人将它们称作"雷鸟"或"雪鹋",无论叫什么,它们都是自然界的伪装大师。

它们栖息于芦苇丛中,身上的颜色与芦苇相似。如果发现老鹰等天敌在附近出没,它们会立刻直起身子,抬起头,仰望天空。微风拂过,芦苇随风摇曳,它们高超的伪装技巧此时就会派上用场。雷鸟首先摇晃脖颈和头部,紧接着摇晃整个身子,保持与芦苇相同的摆动频率。它们知道敌人难以发现自己,即使与敌人仅相隔数米,它们也不会落荒而逃。

雷鸟钟爱湿地沼泽,喜欢独自漫步于杂草丛中寻找青蛙和小鱼。

繁殖季节,雷鸟的叫声非常独特,有时在秋季也能听到这样的声音。它们的声音有点儿像木质抽水机工作时发出的声音,又有点儿像用斧头砍树枝时发出的声音。没人知道雷鸟为何会发出这样的声音。雷鸟扭头时,常常伴随着这样的声音。

博物学家称其为美洲麻鸭。从不列颠哥伦比亚到纽芬兰,南至佛罗里达州,到处都能见到它们的身影。

不怕稻草人

长久以来，乌鸦一直是人类捕杀的对象。若不是它们绝顶聪明，早就消失得无影无踪了。农民试图用稻草人威吓乌鸦，让它们远离自己的谷物。可事实上，乌鸦早已看穿了这些把戏。它们的生存能力之所以这么强，秘诀就在于它们从不冒险。举例来说，一群乌鸦在田地里觅食时，会有两三只乌鸦停在篱笆或高高的树上，负责放哨。只要有一只负责放哨的乌鸦发出信号，整群乌鸦便会立刻飞离。

人们一直把乌鸦视作骗子或小偷。它们偷吃谷物，攻击小鸡，占据小鸟的巢，但它们也吃害虫。因此，乌鸦并非一无是处。

乌鸦有偷窃的习性，按照人类的说法，这叫偷窃癖。它们对偷窃近乎痴迷，喜欢把剪刀或顶针之类亮闪闪的东西藏起来。

长鼻是它的手臂

大象的长鼻是为了适应自然而做出的改变。它们将长鼻当作手或手臂来使用。它们的鼻尖很灵敏，能够捡起一粒花生，也能抬起重达300千克的原木。它们用鼻子嗅敌人的气味，沐浴时用鼻子喷水淋背，还能将其当作防御武器。象鼻可击倒一个成年人。

大象的另一特别之处是拥有两根巨大的象牙，象牙在战斗时是件利器。

大象的嗅觉和听觉敏锐，视力却较弱。除人类外，大象几乎没有天敌。

在所有大型动物中，大象与人类的生活习性最相似。它们记忆力惊人，智力出众，这些都是人们公认的事实。尽管很多故事都带有虚幻色彩，但依然有很多例子证明大象会以德报德、以怨报怨。

身躯如此庞大的动物竟然很难被发现，这听上去令人难以置信。热带雨林中的大象，在树木枝叶的遮蔽下，肉眼确实很难发现它们。大象在偌大的雨林中穿行，不发出一丝声响，就像猫踏在软垫上一般悄然无声。

大象只生活在非洲和亚洲地区。

白尾鹿

尾巴是"警示灯"

在森林中，任何见到白尾鹿受惊吓落荒而逃的人都觉得"白尾"这个叫法恰如其分。它们可以迅速跳跃4到6米，与此同时尾巴向上翘起。每跳跃一步，白色尾巴就在林中闪动一次，向同伴发出警示信号。白尾鹿的听觉和嗅觉灵敏，从而保护自己免受敌人伤害，不过，它们的视力一般，它们会把所有静止的事物都当作周围环境的一部分。

成年白尾鹿每年都会换毛，冬天时毛是棕灰色的，夏天时则是红棕色的。红色的毛非常显眼，因此白尾鹿会藏匿在植物丛中，以防被发现。冬季万物凋零，树叶落尽，暗色的身体与灌木丛完美融合。

小鹿遇到危险时，会僵立在原地一动不动。母鹿会将孩子丢在森林里一个多月，在这段时间，小鹿基本不会走远。

到了冬季，生活在北方的鹿面临重重危险。北方多雪，食物匮乏，迁徙成了难题。每前进一步，它们小而尖的蹄和纤细的腿就会深深陷入积雪中。在这样恶劣的条件下，白尾鹿依靠本能获取食物。它们在聚居地建起"院子"，在雪地中开辟出纵横交错的小径，通往灌木丛和森林。

穿的"衣服"不合身

在美国西南部的沙漠中，炎炎烈日炙烤着岩石，飞鼬（yòu）蜥就生活在这里。它们需要生活在高温环境中，否则就会停止进食，最终饿死。

飞鼬蜥长得难看极了。它们的身体是棕色的，像生了锈一般。虽然这种颜色非常难看，但搭配沙子的颜色却很协调。它们的皮肤因松弛而形成褶皱，体侧长有坚硬的鳞片，使飞鼬蜥看上去一副懒洋洋的样子，并不讨喜。不过，这些褶皱虽难看，却能帮助它们躲避天敌。它们喜欢在炙热的岩石上晒太阳。沙漠中有老鹰出现在空中时，它们会立即钻进最近的岩石缝隙中。松弛的褶皱让它们有足够的空间膨胀身体，同时用皮肤鳞片抵住岩壁，即使最有力的爪子也不能将其从岩石缝隙间拖出来。还有什么防卫手段能比这更聪明呢？

斑 马

不合时宜的条纹

数百万年前，斑马生活在森林中，由于它们体形较小，黑白条纹能帮助它们伪装自己。与斑马距离较近时，黑白条纹非常明显；距离较远时，在林中光影的映衬下，黑白条纹能够帮助斑马有效地隐藏自己。

由于某些不明原因，斑马从森林迁徙到了草原。在草原上，黑白条纹格外醒目，若不是具备其他特殊技能，比如奔跑速度快以及敏锐的视力和嗅觉，斑马可能早就灭绝了。

斑马现在生活在草原地带，黑白条纹就算尚未产生负面作用，也绝非必要之物。不过，斑马不会轻易舍弃自己的条纹。其实，对于许多动物而言，它们身上的条纹已经不合时宜了。

身披苔藓盔甲

大自然有一种神奇的力量，能让动物适应不同的生活方式。这一点在树懒身上体现得淋漓尽致。

普通动物利用四肢行走和爬行，树懒的生活却是颠倒的——它将身体悬挂在树枝上。它无法像其他动物一样利用四肢站立。在茂密的热带丛林中，它的毛长而粗糙，外部附着有绿色藻类，与树上的苔藓相似，因此，肉眼很难发现它。

树懒对老鹰或美洲虎等天敌毫无招架之力，必须寻求特殊的保护方式。它们的爪子牢牢抓住树枝下端，这大大限制了它的行动能力。

白天，树懒睡觉时，四肢紧贴在一起，倒挂在树枝上，看上去就像一根长满青苔的树桩。接触到它的生物或许都没有意识到，它其实是活生生的动物。

它们多生活在南美洲茂密的丛林里。

鸟中之王

秃鹰是名副其实的"鸟中之王"，无论是在高空盘旋翱翔，还是像流星般从高空俯冲而下；无论是在暴风雨中凄厉地鸣叫，还是凶猛地攻击猎物，它都是荣耀、力量和勇气的化身。

经过长达六年的讨论，1782年6月20日，美国国会正式通过议案，秃鹰从此成为美国的国家象征，尽管本杰明·富兰克林力挺野火鸡。

秃鹰视力绝佳，速度惊人，鹰爪有力，即使身负重伤或被逼到穷途末路，普通的大型动物还是对它忌惮三分。它是绝对的空中霸主，因此它不必花费心思地隐藏自己和它巨大的巢。通常，它栖息在枯枝上，俯瞰脚下的世界。

鱼是秃鹰最爱的食物，因此人们能经常在水域附近见到它。有时，它从高空俯冲而下，从水面叼起鱼。它常常抢夺鱼鹰的猎物。鱼鹰在半空中丢弃食物，秃鹰会以闪电般的速度，在鱼落入水面之前叼住。

秃鹰有时会捕杀大型禽类，包括鸭子和鹅，还会攻击羊羔和狐狸。

秃鹰会寻找终身伴侣，它们也很恋家。有记录显示，在俄亥俄州，曾有一对秃鹰和它们的后代，占据一个巢长达35年。后来，它们的巢被暴风雨摧毁，它们只好在不远处重新安家，直到新家再次毁于暴风雨，它们才离开。

大　雁

鸟类中的长寿者

　　除了秃鹫和鹦鹉以外，大雁是鸟类中最长寿的。大雁寿命的最高纪录是70岁。它们会寻找一位终身伴侣，厮守一生。一对大雁若互有好感，它们在经历两到三年的恋爱后，确认双方性格相投，才会结为伴侣。当它们准备安家筑巢时，一定会选一处"风水宝地"。在美国西部地区，大雁的巢多建在悬崖峭壁上或水边的树上，附近常常有鱼鹰的巢。母雁还会将巢设在麝鼠洞穴上方。通常，巢的位置都经过精挑细选，这样它们就可眼观六路，耳听八方，时刻提防敌人。在所有鸟类中，除了野火鸡外，没有哪种鸟比大雁更聪明了。

　　大雁幼鸟一出生，就被父母带到水边，第一次游泳就已非常熟练。母雁一声令下，幼鸟立刻潜到水下，游至芦苇或灌木丛边。它们甚至知道利用石头，让自己沉入水中，脑袋浮出水面保持呼吸畅通。大雁主要分布在从育空河流域（加拿大西部地区）至拉布拉多（加拿大东部地区）这片地区。冬季时，大雁会迁徙至南部的佛罗里达和墨西哥。

会放电的"怪鱼"

如果有人说一条身长1.2米，直径12厘米的鱼可以产生电流，你或许认为这是无稽之谈，然而电鳗却真的可以做到。

科茨和罗伯特·考克斯博士在实验中发现，一条1米长的电鳗，它所产生的最高电压可达450到600伏特。美国家用电器的电压是110伏特，普通灯泡的功率是60瓦。电鳗的电压达到600伏特，功率将近1000瓦，足以电晕甚至杀死一匹马。人或动物与之接触，无异于踩上一条非绝缘的电线。

电流来自电鳗的腺体，腺体位于头部后侧，一直延伸至整个身体。它的皮肤和其他组织都是导电体。

电鳗生活在南美洲亚马孙河和奥里诺科河的温暖水域。它会电晕其他鱼类，然后饱餐一顿。此外，它们还会建造一个无形的电栅栏，雨林流域内的任何生物都无法跨越，从而保护自己免受成群凶残的食人鱼的攻击。

螳螂

四肢似尖刀

或许没有哪一种昆虫能比螳螂更富传奇色彩了。希腊人认为螳螂具有某种超凡的预言能力。南非的霍屯督人认为，如果螳螂落在某人身上，象征着此人品行高洁。在昆虫世界，螳螂是残忍的猎食者，与人的品德没有丝毫关系。它的身体是绿色的，因而天敌和猎物都很难发现它的踪迹。

螳螂的前肢很特别，长有一排坚硬的锯齿，可以开合。螳螂等待猎物时无比耐心，它慢慢地靠近，尽量不发出一丝声响，最终用尖刀般锋利的爪子抓住猎物，将其吞入腹中。螳螂以飞蝇、毛虫等昆虫为食。在南美洲，螳螂甚至会攻击蜥蜴、青蛙和鸟类。

所有螳螂都生性好斗，前肢就是它们的武器，胜者会吃掉对手的尸体，有时，母螳螂会吃掉它的伴侣。

如何过冬

数百年来，在英格兰，没人知道燕子是如何度过漫漫寒冬的。有人认为，它们在软泥筑成的巢中冬眠，就像乌龟一样，整个冬季都在睡梦中度过。

塞缪尔·约翰逊曾解释道："燕子的确会冬眠。一群燕子聚成球状，然后一头扎进水中，然后整个冬天都待在河床的淤泥中。"

直到19世纪，英国博物学家发现了燕子的秘密。冬季时，燕子向南方迁徙，到非洲过冬。通常，30至50只燕子结伴同行，它们不会大规模迁徙，因为，小规模的队伍更不易被发现。

爬行界的演技派

在爬行动物界，猪鼻蛇绝对是演技派。它知道自己没什么攻击力，因此总是在敌人面前虚张声势。

它的体形短粗，身上的花纹与响尾蛇不同，外表看上去很骇人。

如果被逼到走投无路，猪鼻蛇便会使出自己的拿手好戏。它会伸展头部皮肤，使背部呈现三角形的花纹，同时弓起身体，发出嘶嘶声，做出一副要发起攻击的样子。如果对方没有被唬住，它会立刻表演另一项绝技——装死。它会浑身抽搐，痛苦地蠕动，头部扭向另一侧，嘴巴大张，吐出舌头，用下巴艰难地拖曳着身体。

如果你躲在暗处观察，猪鼻蛇很快就会恢复生机，接着查看周围的情况。如果周围没有动静，它会立即逃之夭夭。

猪鼻蛇有时也被叫作平头蛇或嘶嘶蛇，这些名字都与它的滑稽的行为有关。

水中的微型"高射炮"

射水鱼是一种小鱼，身上的黄黑条纹非常醒目，味觉灵敏。射水鱼多生活在泰国等东南亚国家，和很多小鱼一样，它们不满足于只吃水中的浮游生物，如虾米或昆虫幼虫等。

飞虫是它们最爱的食物。射水鱼的捕食方式与众不同，虽然它身在水中，无法接触到空中的昆虫，却能利用口中喷出的水柱射杀猎物。

它在水面下潜伏，等昆虫落到附近的树枝上，或在它上方盘旋时，找准时机，从水中喷出水柱，直直射向目标。被击中的昆虫跌落水中，就成了它的腹中餐。

企　鹅

求婚方式很特别

　　企鹅生性温驯，不喜争斗，它的翅膀能够帮助它们很好地在水中游动。此外，它们的腿位于身体末端，只有在直立状态下它们才能在地面行走。企鹅为何会放弃飞翔，目前原因不明，而如今，它们已经完全适应了在陆地和海里的生活。

　　美国自然历史博物馆的墨菲博士曾讲过一个有趣的故事：企鹅间的爱情非常传统。一只雄企鹅向心上人求婚时，它会挑选一块鹅卵石，诚意满满地将其放在求婚对象的脚边。如果雌企鹅捡起鹅卵石，就表示接受求婚。如果雌企鹅拒绝求婚，它就不会触碰这块鹅卵石。接着，雄企鹅捡起石头，默默离开，继续自己的求偶之旅，直到遇到和自己有缘分的伴侣。一只年迈的企鹅曾摇摇摆摆地走向墨菲，在他脚边庄重地放下一个炼乳罐头的盖子。墨菲捡起盖子，向企鹅深深鞠了一躬，他们怀着对彼此的尊敬相互告别。

　　企鹅一般生活在亚南极和南极地区。帝企鹅是族群中体形最大的一类。

不会飞的鸟儿

几维鸟生活在新西兰，它们没有翅膀，只能在陆地上活动。它们之所以能一直存活到今天，是因为它们有独特的自卫手段。

几维鸟如普通家禽一般大小，毛色主要呈黄褐色，带有黑褐色的条纹。

几维鸟通常白天睡觉，夜间觅食。黄昏时分，几维鸟像老鼠一样小心翼翼地活动，几乎不发出任何声音。它的爪强劲有力，能够快速跳跃。一旦被惹恼，它会立刻向对方发起攻击，这时，尖爪就成了进攻的利器。

它有长长的喙，非常灵敏，容易使人联想起丘鹬。蠕虫是它的主要食物。它将灵活的喙探入地下，寻找食物。一旦发现蠕虫，它不会使用蛮力生拉硬拽，而是引诱虫子爬出地面。它会扔掉蠕虫的头部，之后一口将其吞下。在地上寻找食物时，它会通过喙顶端的鼻孔嗅东西的气味，接着才小心地触碰。

1813年，有人声称发现了几维鸟。当时，人们都以为只是一场恶作剧，数年后，科学家们证实了它们的存在。

植　龙

鳄鱼的前辈

根据地质记录，植龙是纽约最早的居民。它们生活在二百万年前的三叠纪。植龙是爬行动物，长约3.6米，牙齿非常尖利。

植龙善爬行和游泳，和鳄鱼很像，但二者有两个不同之处：植龙的鼻孔位于眼睛附近，而非鼻子末端；植龙的鼻尖长有长长的牙齿，像镊子一样。

植龙之所以如此特别，其实是有原因的。它的鼻孔位置靠上，只要将鼻孔浮出水面，它就能漂浮在水面下，悄悄靠近毫无防备的猎物。

自然界的小机灵

　　走鹃有着各种各样的名字，如食蛇鸟、蜥蜴鸟、地鹃等。从某种程度上说，不同的称谓反映了走鹃的多面性格。

　　走鹃以机智著称，是一种非常有意思的鸟儿。在美国西南部，当地居民崇敬走鹃，新墨西哥州将其奉为州鸟。走鹃能杀死并吃掉响尾蛇。当它准备吃一条半米长的蛇时，它会把蛇的部分身体叼在嘴里，闲逛数小时，直到消化液开始发挥作用。弗兰克·多比说过，他的朋友曾见过走鹃杀死一条1米长的响尾蛇。这场战斗发生在牛栏里。走鹃张开翅膀，拍起尘土，冲向响尾蛇，对准蛇的头部发动攻击。响尾蛇试图攻击走鹃的翅膀，但接连几次都落空了。最终，响尾蛇精疲力竭。走鹃落到蛇背上，将它的头盖骨啄出一个洞，接着吃掉了蛇脑。

　　在西方，人们普遍认为，当响尾蛇睡着时，走鹃会在它周围撒满仙人掌的刺，蛇惊醒后，被仙人掌刺弄得遍体鳞伤，最终丢了性命。或许有人觉得这样的故事根本不存在，事实却并非如此。走鹃还会使劲将蜗牛壳砸向石头，随后用头快速敲击蜗牛壳，以便吃壳里的蜗牛肉。走鹃的这一系列行为都有照片为证。对于如此聪明的鸟儿来说，在睡着的响尾蛇周围撒满仙人掌刺，也不无可能。

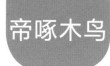

帝啄木鸟

美国最罕见的鸟类

帝啄木鸟长有象牙色的喙，是美国一种稀有的鸟类。至今，仍有少量帝啄木鸟生活在美国南部的一些州。现如今，它们有了新的栖息地，即位于佛罗里达州的森林。

帝啄木鸟以啄食树皮里的蛀虫为生，当树木枯死之后，它们不得不寻找

新的食物来源。筑巢繁殖期间，共同哺育幼鸟的帝啄木鸟夫妇会剥下附近枯树的树皮。

为了填饱肚子，帝啄木鸟必须一直啄树皮。如果它们在所有枯树上都找不到食物，等待它们的将是一场灾难。

在新的栖息地，帝啄木鸟会改变自己的习性吗？它们知道如何啄食活树上的蛀虫吗？没人知道答案。

"食人蚌"

在荷属东印度群岛沿岸的珊瑚礁上，生活着世界上最大的砗磲（chē qú）。部分砗磲长达1.8米，重约1吨。

砗磲一直被称作"食人蚌"，但这种叫法很离谱。实际上，砗磲只食用微生物，对人类根本不感兴趣。尽管砗磲不吃人，但它有能力杀死人类。当地居民讲述了自己的可怕经历，他们曾在无意中遇到砗磲，被它的两瓣贝壳夹住双脚。贝壳就像捕兽夹一样。如果人类在浅水区被它夹住，就无法移动，只能眼睁睁地看着潮水涌来，直到完全淹没在海水中。如果人类在潜水时被夹住，很快会淹死，沦为鲨鱼的腹中餐。

砗磲的"液压系统"是它最重要的特征。它的壁膜中有两个虹吸管，通过其中的一个虹吸管，它将水吸入体内，清洗自己的鳃室。接着，血液中进入空气，过滤出食物颗粒，并通过另一个虹吸管将水排出。

和其他蚌类一样，它的身体被包裹在坚硬的贝壳内。一旦贝壳闭合，就成了它最坚硬的铠甲，若贝壳张开时有外物入侵，它就会立即闭上贝壳。

必胜鸟

进攻是最好的防守

必胜鸟比知更鸟体形稍小些，它的外形毫不起眼，胸脯是白色的，背部是橄榄色的。

在乌鸦到来之前，必胜鸟没有敌手，这就是必胜鸟名字的由来。当乌鸦经过它的领地时，必胜鸟就会像战斗机一样，立刻迎击对方。它俯视着乌鸦，勇猛地发动进攻，带着必胜的信念猛扑过去，乌鸦见此情形，只能落荒而逃。必胜鸟甚至会扑向老鹰，停在鹰背上，啄后者的脖颈和羽毛。必胜鸟明白进攻就是最好的防守，这也是它的生存秘诀。

必胜鸟以害虫为食，是真正的益鸟。它会把乌鸦和老鹰从养鸡场驱逐出去，因而深得农民的青睐。

幼鸟比父母还胖

幼鹱（hù）出生数星期后，肚子会被食物填得满满当当。

幼鹱的父母终日奔波，为它们寻找食物。幼鸟被父母强迫吃下所有食物，因而长得非常胖。在幼鸟离巢前，它们的体重甚至超过了父母。它们在短时间内存储大量脂肪，自有妙用。它们的父母会突然间停止喂食，然后远走高飞。幼鸟依靠消耗脂肪来维持生命，直到它们羽翼丰满，能够飞翔为止。之后，它们就得自己到海中觅食了。

臭　鼬

自然界的臭屁王

在美国，没有比臭鼬更讨人嫌的哺乳动物了。臭鼬有一个臭气囊，它生气时，臭气囊会释放出奇臭无比的气体。除大雕鸮外，人和其他动物都无法忍受这种气味。臭气是臭鼬保护自己的绝佳武器。臭鼬仗着这件武器，在树林、农场和农舍周围闲庭信步，从来都是一副不慌不忙的样子。它的尾巴长有浓密的毛，背部的条纹非常醒目，对敌人来说，这是一种警示信号。臭鼬多在夜间活动。

臭鼬喜欢亲近人类。它们经常在人类的屋舍旁边安家。它们也会住进其他动物抛弃的洞穴。它们在洞穴尽头铺上温暖的干草和树叶，4月或6月，臭鼬会生下幼崽，一窝约四到七个幼崽。等到幼崽能独自外出时，它们会跟在母亲身后，排成长队集体行动。

臭鼬几乎不咬人，而且除非真正受到刺激，否则它不会轻易释放臭气。臭鼬主要生活在美国。

给孩子建造游泳池

人们总是将树蛙的叫声与潺潺流淌的溪流、抽新枝的树木和含苞待放的花朵联系在一起。暴风雨来临前，空气中的湿度会发生明显变化，由于对湿度敏感，树蛙会发出响彻林间的叫声。

树蛙不发出叫声时，人们很难察觉到它们的踪迹。它们会改变身体的颜色与周围的青苔和绿叶融为一体。不过，变换颜色并非瞬间就能完成的事情。树蛙会找个舒服的地方，花上一小时完成整个变色过程。此外树蛙能连续数小时保持静止状态，丝毫不露痕迹，这才是它最完美的防御手段。

树蛙的脚趾末端有吸盘，可牢固地贴附在植物上。

天气变冷时，树蛙开始冬眠，直到气温回升时才苏醒，因此，树蛙可能要睡上好几个月。如果气温永远不回升，树蛙就会一直睡下去，直到因器官衰竭而死亡。

树蛙常常将卵产在草丛里或浅水中，不过，它的产卵量非常有限。为了防止卵被鱼虫吃掉，它们会在池塘的岸边用泥巴筑起一个小型游泳池，然后把珍贵的蛙卵放进去。小蝌蚪在游泳池中快乐地生长，不受敌人的侵扰。等长到足够大之后，它们才会离开，去深水中生活。

动物界的健康卫士

秃鹫是最长寿的鸟类之一。在埃及吉萨的动物园，曾有一只活了95年的秃鹫。

除了在空中，秃鹫无论到哪儿，都是惹人嫌的生物。不过，由于秃鹫以腐肉为食，可以防止病毒在温暖的土地上传播，因此，它是

名副其实的"健康卫士"。它靠视觉而非嗅觉找到食物。秃鹫会突然出现在天空中，然后径直冲向动物的尸体。通常，这些动物和猫差不多大小，在远距离上，肉眼很难发现它们。一只秃鹫停下来享用食物，其他秃鹫也会慢慢聚集过来，直到数千米内的秃鹫全都聚到一起。

在陆地上，秃鹫的长相看起来很古怪，但在空中，秃鹫的飞行姿态十分优雅。秃鹫的喙强劲有力，腿部力量较弱，因此它无法像老鹰一样用爪子抓住猎物。

除腐肉外，秃鹫还会以蛇、蟾蜍或老鼠为食。

吐酸水的蝴蝶

棕色的帝王蝶能分泌出酸涩的液体，很多鸟类都不喜欢这种液体的味道，这使它们得以避免被攻击。因而，帝王蝶成了蝴蝶们竞相模仿的对象。

大多数蝴蝶寿命非常短，仅几十天，一生几乎都在自己的孵化地度过。但帝王蝶不同，它们要迁徙数千千米后，才产下卵。它们从北向南迁徙，11月，它们到达海湾各州，帝王蝶会聚集在树木或灌木丛上，进入半冬眠状态，度过整个冬天。年复一年，帝王蝶会停在同一个地方休息，尽管同一批蝴蝶不会再回来第二次。大群蝴蝶在春季苏醒，向北进发，将蝶卵留在沿途植物的叶子上。从海湾各州到哈得孙湾，蝶卵几乎遍布整个北美。

帝王蝶幼虫的身体白绿相间，背部有两对细长的丝状物。

帝王蝶主要分布在北美、大西洋的佛得角群岛、太平洋诸岛、澳大利亚和新西兰等地。

嘴大如瓢

19世纪20年代，奥杜邦在路易斯安那州费利西亚纳的野外探险时，发现了卡罗琳夜鹰这种鸟。

奥杜邦从当地一位博物学家邦普那里得知了卡罗琳夜鹰防止巢穴被掠夺者侵占的秘诀。邦普说，卡罗琳夜鹰生性机警，一旦有生物触碰它的蛋，它们就会立即搬家。

奥杜邦只有找到它们的巢，才能证明它们的确转移了鸟蛋。一天夜里，他偷偷躲在草丛中，观察卡罗琳夜鹰如何转移鸟蛋，而在此之前，他故意在巢中留下翻动过的痕迹。黎明前，在松树林里，他发现一对鸟儿从巢中飞出，嘴里叼着鸟蛋，去另寻居所。

卡罗琳夜鹰或在附近的土地上寻找食物，或在田野间飞来飞去捕捉飞虫。它们嘴大如瓢，周围长有鬃毛。卡罗琳夜鹰的喙却很小，很难想象它们的嘴竟然可以长得那么大。

卡罗琳夜鹰主要分布在美国密苏里州、印第安纳州、俄亥俄州、弗吉尼亚州南部和海湾各州。白天时，它们隐身在灌木丛和树林深处。它们的羽毛颜色与栖息地的植物完美融合，肉眼可能一时无法将它们同树叶和树皮区分开。夜幕降临时，它们会发出单调的叫声，它们的名字正是源于这种叫声。

水鸫

以瀑布为门

鸟类栖息在各式各样奇特的地方，但要论居所的安全程度和浪漫程度，水鸫（dōng）令其他鸟类望尘莫及。雌水鸫通常将巢筑于瀑布下方和后方的岩缝之中。

溪流遇到悬崖峭壁，由于惯性，会朝外侧倾斜一段距离，瀑布和岩石之间留下空间被薄雾所笼罩。里面零星分布着一些岩缝，水鸫便安家于此。

在这里筑巢有两点好处，这里不但位置隐蔽，而且想要到达水鸫的巢，就必须穿过瀑布。水鸫的羽毛非常浓密，与鸭子的羽毛类似，能迅速甩落身上的水滴，使得水鸫能够轻松穿过瀑布。

水鸫虽然外表普通，却有一个特殊的本领。它们栖息在高处，小溪从山间流过。它们有时候会一头扎进水中，以翅膀为鳍，潜入水底捕食鱼虫。

狮　子

威猛的绅士

　　狮子知道自己拥有强大的力量，但它从不轻易动怒。它怡然自得地漫步在非洲草原上，除非受伤或被激怒，否则很少主动发起攻击。一般情况下，狮子只会为获取食物而杀死猎物，而其他食肉动物大开杀戒，有时只是一时兴起而已。

　　狮子的皮毛是棕褐色的，当它躺在灌木丛中、棕色的岩石上或茂密的草丛中时，肉眼很难发现它。是否有保护色对它而言并不那么重要，因为狮子没有天敌。斑马和羚羊是它最喜欢的食物。狮子躺在茂密的草丛中，一动不动，等待一群斑马靠近。随后，它迅速出击，按住其中一匹斑马的背部。

　　在野外，人们很难见到长着长鬃毛的狮子，因为荆棘和灌木丛常常会刮掉它脖子周围的毛发。只有动物园中的狮子，或者是被限制行动的狮子，才会有长长的鬃毛。

　　狮子是当之无愧的"百兽之王"。当看到狮子昂首阔步的样子，人们就会明白什么是真正的猛兽。

渡渡鸟

不知道如何保护自己

16世纪，当葡萄牙人首次登陆位于印度洋的毛里求斯岛时，他们发现了一种奇怪的生物。它是一种不会飞的鸟，比火鸡稍大些，可能是鸽子的远亲。

后来的探险家们证实了这一发现。1628年，伊曼纽尔·奥森曾将这种鸟的标本送回欧洲，他写道："你将收到一只奇怪的鸟儿，我在毛里求斯岛发现它，你可以叫它渡渡鸟。"

殖民者将狗和猪带到岛上，它们的数量越来越多，渡渡鸟很快就灭绝了，只留下一句谚语：像渡渡鸟一样消失得无影无踪。

渡渡鸟性格温顺，但这不是导致它们灭绝的原因。真正的原因在于，渡渡鸟将蛋产在草丛中，一不小心就会被其他动物踩碎。可怜的渡渡鸟既不会飞，又不会将蛋产在捕食者找不到的地方。面临危险时，渡渡鸟不知道如何保护自己。

重量级选手

　　所谓的"白犀牛"并不是白色的犀牛。白犀牛喜欢在泥地里打滚，沾在身上的泥巴变干后，远远看上去，皮肤就变成了浅灰色。当最早的探险者到达非洲刚果地区时，看到白犀牛，还以为这就是它皮肤原本的颜色，因此称之为"白犀牛"，与黑犀牛相区分。博物学家将其称作方吻犀。在犀牛族群中，它们的身躯最为庞大。

　　犀牛的两只"角"其实并不是真正的牛角，而是与皮肤相连的皮角质物。

　　和黑犀牛一样，它们并不聪明，且喜怒无常。它们的听觉和嗅觉非常灵敏，一丝声响都逃不过它们的耳朵，但它们的视力很差。一旦嗅不到敌人的气味，它们便会陷入慌乱，大口大口地喘着粗气。

　　白犀牛一般重达两吨，在体重上占据优势，皮非常厚，能够防止害虫的侵扰。如果不是人类的捕杀，白犀牛或许能够再安然度过几个世纪。

牛角相思树

浑身是刺的植物

　　豪猪和刺猬都长有尖刺，满身的尖刺是它们的防御武器，警告敌人不要接近它们，否则后果自负。桶形仙人掌的刺是卷曲的，像鱼钩一样。其他种类的仙人掌同样全副武装。人们不禁好奇，鸟儿是如何在仙人掌上找到落脚之处的。

　　大自然一般不会特别关照植物。尽管如此，牛角相思树还是成了大自然的宠儿。

　　牛角相思树的树干和枝丫上长满了硕大的尖刺，而且都是成对生长，因而得名"牛角刺"。弯曲的尖刺异常坚硬，从树的各个方向冒出。

　　之所以要远离牛角相思树，其实还有另一层原因。牛角相思树的尖刺是中空的，会咬人的蚂蚁住在里面。一旦入侵者稍稍触碰尖刺，蚂蚁便会成群结队地涌出来，向对方发出警告。

依靠智慧生存

在动物界，浣熊以智商高著称，它们总是悄悄溜到美国大城市的郊区。它们非常淘气，总能依靠它们那机智的小脑袋解决各种麻烦。

　　给浣熊一块方糖，它会马上跑到一盆水旁边，像往常洗食物一样清洗方糖，结果当它摊开手掌，却发现方糖不见了。一脸疑惑的浣熊会回来，再要一块方糖。不过，失败两三次后，浣熊便会明白，有些特殊的食物是不能用水洗的。

　　浣熊擅长爬树，经常把家安在树洞中。尽管浣熊是爬树专家，但它大部分时间是在地面活动，尤其是河边。

　　浣熊的前脚趾很长，趾头分开，使得浣熊能够将前脚趾当作手来使用，与猿猴类似。

快似一道光

当子弹离膛，快要打中潜鸟时，它能在眨眼间潜入水中。在水下时，它能快速往前游15到30米。一旦潜鸟发现你，射中它的概率几乎为零。大自然赋予了潜鸟异乎寻常的反应速度，让它不仅能躲过人类的捕杀，还能在面对其他天敌时全身而退。

潜鸟与鹅差不多大小，白色和黑色的羽毛错落分布，头部和颈部呈墨绿色，闪耀着金属光泽。

相较于其他鸟类，潜鸟的腿在身体更靠后的位置。这一特点使其能够比大多数鱼类在水中游得快，可一旦到了陆地上，潜鸟的行动就变得笨拙无比。

美国北部的白桦林中分布着很多湖泊，潜鸟为宁静的湖泊带来了勃勃生机。雌潜鸟一次会产下两枚蛋，它们一般将蛋产在由杂草筑成的窝中。出壳的幼鸟在太阳下晒干棕黑色的羽毛后，它们就能下水畅游了。如果家人就在附近，幼鸟会潜到水底，并在水底游上一段距离。潜鸟父母会在一旁紧张地将入侵者赶走。

流线形体的典范

马鲛（jiāo）鱼多生活在大西洋北部海域。它的身体细长，呈纺锤状，脊柱上的肌肉非常发达，鱼鳍贴近身体，使得马鲛鱼游动时毫不费力。

虽然大自然赋予了马鲛鱼得天独厚的流线形体，不过它们的身体也有致命的缺陷。和大多数鱼类不同，马鲛鱼体内没有使其能够漂浮在水中的鱼鳔（biào）。

如果马鲛鱼游到浅水区，它可以沉到水底，可一旦进入深海区，马鲛鱼就必须不停地游动，以免在巨大的水压作用下死亡。

能在陆地上生存的鱼

　　肺鱼是世界上最奇特的生物之一。它的外形与鳗鱼相似，在水中时必须每隔一段时间就要浮出水面换气。每当到了旱季，肺鱼便会施展独门绝技。被困在干涸沼泽中的肺鱼会在地上挖个小洞，藏身其中。它们的皮肤

腺体能分泌出黏液，黏液能够完全包裹住除嘴以外身体的其他部位。黏液的作用在于防止肺鱼身体中的水分完全消失。肺鱼将自己裹在黏液中，进入睡眠状态。它们可在土中存活一年至五年。肺鱼能够长时间不进食，依靠自身的脂肪和身体组织维持生命。

肺鱼是真正的"活化石"，两百万年前，在古生代大陆上，肺鱼是淡水水域中非常古老的一类生物。当陆地上的水逐渐退去，肺鱼便开始从水生动物向陆栖动物转变。不过，由于后来肺鱼找到了能在水源缺失的情况下存活的方法，便终止了转变，此后，它们变成了介于水生和陆栖两者之间的生物。

肺鱼分布在澳大利亚、南美洲和非洲。

大量困在泥土中的肺鱼被挖掘出来，连同它们身上的土块被一同运送到世界各地。睡着的肺鱼就像筋疲力尽的孩子。如果没人打扰它们，它们可以连续数星期不醒，直到重获水源，它们才会苏醒。

更格卢鼠

自带内置扬声器

　　更格卢鼠的家位于北美洲西部的沙漠中。干旱缺水的环境并不会影响更格卢鼠的生存。像其他啮齿类动物一样，它们能将食物中的淀粉转化成水，从而为身体提供必要的水分。在更格卢鼠的一生中，它们可以滴水不进。它们的名字（"更格卢"其实是袋鼠英文名称Kangaroo 一词的音译）

可能会令人产生误解，实际上它们既非袋鼠也非老鼠，而是跳鼠的近亲。更格卢鼠住的地方非常舒适，通往住处的地道像迷宫一般，有很多出口。如果土狼或其他天敌进犯，它们能立刻逃脱。甚至，当蛇悄悄溜进它们的住处时，它们也能迅速察觉，因为巨大的共振器占据了更格卢鼠的大半个颅骨，可以帮助它们做出预警。

更格卢鼠身处洞穴时，它们会用后足击打地面，发出低沉的嗡嗡声，这可能是警告、求偶或寻找幼崽的信号，抑或是向其他雄性更格卢鼠发出挑战的信号。更格卢鼠还有另一种交流方式，在它们的背部，位于两肩之间的地方长有巨大的腺体，可以分泌出具有独特气味的蜡状物质。腺体若碰到石块或灌木丛，便释放出气味，暗示同伴它曾到过这里。

豪 猪

不好惹的刺儿头

　　臭鼬知道很少有动物能忍受它们放出的臭气。同样，豪猪也清楚自己身上的尖刺足以吓退敌人，于是它们相信自己一定不会遭受攻击，便优哉游哉地穿行在美国北部的丛林中。

　　它们的皮毛不断进化，最终形成坚硬、锐利的刺，足有5到7厘米长。当豪猪突然兴奋或受到惊吓时，尖刺就会竖起来。一旦尖刺扎进动物的皮肤，如果不及时拔出，豪猪就会将尖刺越扎越深，最终可导致对方死亡。

　　若豪猪被激怒，它会拱起背部，尖刺向各个方向竖起，静候敌方的到来。在被对方触碰到的一瞬间，它会扬起全副武装的尾巴，将尖刺深深扎入对方的皮肤。豪猪迅速而灵活地摆动尾巴，让人总会产生这样的错觉，即它随时都可能将尖刺像箭一样"发射"出去。

　　在美国，豪猪与早期印第安人的生活有着某种密不可分的联系。印第安人用植物染料将豪猪的白色尖刺染成各种颜色，在鹿皮鞋和其他织物上做刺绣。

世界上最可爱的动物之一

　　西方科学界得知世界上存在大熊猫这种动物不足百年时间。或许这是因为大熊猫的栖息地曾与世隔绝。它们一直隐居于中国四川和甘肃的深山中。此外，大熊猫被茂密的竹林严密地遮蔽着。大熊猫的牙齿非常坚固，咀嚼竹子时毫不费力。它们在栖息地能随时享用竹子，因此也就没有理由远走他乡。它们的生活简单惬（qiè）意。它们呆萌的样子总能带给人欢乐。大熊猫幼崽就像宠物一样温顺，成年大熊猫则不然，它们的爪子长且锋利，战斗力不容小觑。

　　关于大熊猫的分类，生物学家们一直没有形成统一的认识，有人把大熊猫列入熊科，有人认为它们与小熊猫一样属于浣熊科，还有人让它们自立一派，即大熊猫科。

蚂　蚁

"力大如蚁"

　　"力大如牛"是很常见的说法，但有时候形容力气大用"力大如蚁"可能更形象一些。曾有一位博物学家见到一只蚂蚁拖着一只死去的蝗虫，于是他分别称了二者的重量。结果，他发现蝗虫的重量是蚂蚁重量的60倍。这就好比，体重70千克的人拖动4.2吨重的东西。一只澳大利亚蚁，双腿站立，直起身体，能够用前肢扛起比身体重1100倍的东西。这就相当于体重70千克的人扛起重77吨的物品。

　　蚂蚁一旦与敌人开战，即使身体受伤也不会停止战斗。据说，印第安人和阿尔及利亚人在缝合手术中会用蚂蚁充当橡皮膏和黏合带。他们用左手按住伤口，右手拿着一只蚂蚁。蚂蚁的颌骨完全张开时，便将其放置于伤口处，蚂蚁紧紧咬住伤口边缘，于是伤口被缝合了。

蜜蜂

团结就是力量

尽管蜜蜂并不具备抵御严寒天气的身体条件，但在凛冽的寒冬，人们还是能见到它们的身影。

有些昆虫的生命不过短暂的一季，而蜜蜂却可以挨过严冬，活到下一年春天。

这或许是因为蜂群独特的合作系统，即使在低温环境下，依然能保持身体的温度。

蜂群在蜂巢中聚成球状，蜂巢中心的蜜蜂不停舞动，以产生热量。过一段时间后，它们会交换位置。外侧的蜜蜂会进到中心来取暖。

通过共享资源，蜜蜂能克服重重危险，而这些危险，仅凭自身力量是无法应对的。

小小采矿工

　　纳尔逊博士说："鼹（yǎn）鼠是有着巧妙构造的掘土机器。"鼹鼠鼻尖颈短，四肢短小，体格健硕，强壮的肋骨能承受巨大压力，这些优越的先天条件使得鼹鼠成为当之无愧的挖掘能手。在地下生活时，眼睛和耳朵对鼹鼠来说用处不大，因此逐渐退化。它的皮毛在进化过程中不断变厚，像天鹅绒般柔软。鼹鼠周身长满细密的皮毛，当它挖掘隧道时，皮毛可以帮助它减轻身体同隧道壁的摩擦。

"在土质松软的地方，鼹鼠手脚并用向前掘进，如游泳一般轻松自在。当鼹鼠在靠近地表的地方掘进时，地面会留下突起的裂痕。当鼹鼠在地底深处更紧实的土层中掘进时，它必须把挖开的土沿着隧道推到地表的出口处，然后再堆起来。"

鼹鼠多生活在绿草繁茂的地方，尤其是土壤肥沃的大草原，那儿有大量鼹鼠最爱吃的昆虫。

就像矿工一样，鼹鼠在奔波忙碌中度过辛勤的一生。

夜晚时分，蚯蚓开始活动，鼹鼠便来到地面觅食。与此同时，猫头鹰、猫和其他捕食者可能会盯上它们，伺机行动。

毛发浓密的野猪

　　美国只有两种野猪。领西猯（tuān）是其中较为常见的一种，主要分布在从美国西南部到中南美洲的广大地区，从森林、干燥森林区到半荒漠地区都能见到它们。领西猯是真正的野生动物，很难对付。它们常常数十只成群结队地四处晃荡。它们有两样法宝，一个是短平但锋利的牙，另外一个则是背部的腺体，腺体能释放难闻的气味，对敌方进行"生化攻击"。领西猯的身上长满了长长的、坚硬的毛，毛的光泽感十足。它们的颈部有一道灰白条纹，像领子一般。白嘴西猯是生活在美国的另外一种野猪，主要分布在中部和南部地区。

毒番石榴

可致人目盲

不知从何时起，加勒比海地区流传着这样一种说法：食用毒番石榴会致人目盲甚至死亡。

据这里早期的历史记载，毒番石榴有很强的毒性。"阳光洒在毒番石榴上，散发出危险的气息，不可触摸，除了山羊以外，任何动物吃了它都必死无疑。"

实际上，毒番石榴的汁液接触皮肤，可导致严重的炎症，而进入眼中可导致急性结膜炎。

1850年左右，希曼乘坐"先驱号"进行远航探险，他在船上撰写的一份报告揭示了传闻背后的真相。船上的木匠们在砍伐一种木材时，全都陷入了失明状态，而这种木材便是毒番石榴木。

希曼在找寻真相的过程中，眼睛同样受到了影响，尽管他只是收集了一些毒番石榴的树叶和颜色鲜艳、味道诱人的果实。

幸运的是，只要与毒番石榴保持安全距离，所有中毒的人的眼睛最终都能重见光明。

攀岩能手

当落基山羊在峭壁上攀登时，白色的身体十分醒目。不过，由于栖息地生存环境恶劣，它们的天敌很少。金雕有时会猎杀羊羔，但大多情况下，山猫和狮子不会把它们当作猎物。

　　落基山羊拥有极其出色的攀岩能力。它们在悬崖峭壁间攀爬纵跃，步伐稳健，毫无惧色。

　　夏季和冬季时，落基山羊在石缝间寻找稀疏的植被，以获得足够的食物，厚厚的毛能帮它们抵御凛冽的寒风。

　　岩羚羊多生活在亚洲地区，落基山羊是美国境内唯一的岩羚羊。它们分布在阿拉斯加东南部地区，以及蒙大拿和华盛顿的山间地带。

画地为牢

在澳大利亚大堡礁的珊瑚群中，生活着一种非常小的螃蟹，叫作珊隐蟹。

为使自己免遭天敌攻击，珊隐蟹将自己囚禁于家中。

珊隐蟹将家安在珊瑚枝的交叉处。受水流影响，珊瑚枝不断向外弯曲，再弯曲，直到形成一个弹珠大小的笼子。

水流穿过珊瑚枝间的小孔，为珊隐蟹带来了作为其食物的有机颗粒。

这虽然能保护它们免受海底其他生物的威胁，但同样也束缚了它们探索外部世界的脚步，因为它们这一生都要在这里度过。

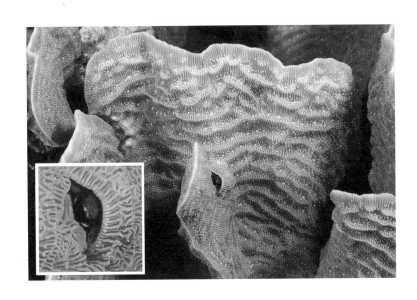

昆虫界的伪装高手

我们提到过，昆虫是自然界的伪装高手，裂尺蛾和叶䗛更是其中的佼佼者。昆虫界还有很多伪装高手，它们故意装成有毒生物或不起眼的东西。下面，我们来看看不同类型的伪装高手。

在上面这幅图中，你看到的并非树枝上的刺，而是角蝉，它们的别名是"刺虫"。角蝉的背上长有尖刺，几乎所有鸟类都将其误看作是树枝上的刺，从而忽略了它们的存在。角蝉多生活在美国中部和南部地区。

左图所示并非干枯的树叶，而是一种名为幽灵竹节虫的昆虫。它是叶䗛的远亲，主要分布在澳大利亚和新几内亚。

生活在非洲南部的螽斯（zhōng sī，又称"蝈蝈"）看上去与烟草叶别无二致。鸟类和爬行动物对烟草叶毫无兴趣，螽斯因此逃过一劫。

螽斯

要是遇到右图中这种"蜜蜂"，最好不要招惹它。它看上去就绝非善类，如果你惹恼它，它就会发出拉锯般的嗡嗡声，飞扑过来叮咬你。不过，你无须害怕。它不过是虚张声势罢了，其实它根本不是蜜蜂，只不过体形、大小和颜色都和蜜蜂相似。它是无毒的蜂蝇，蜂鸟鹰蛾和水虻也会玩同样的把戏。

蜂蝇

蜂鸟鹰蛾

水虻

从来不看自己的食物

丘鹬（yù）的喙在泥土中来回搅动，寻找食物，但它从来不看自己的食物。丘鹬的眼睛靠近头顶，这样它就能兼顾左右两侧和后方的情况，随时提防周围的敌人，这样要比只目视前方安全得多。

丘鹬在洼地上铺上树叶，筑成巢。它身上的色彩与周围的环境完美相融，天敌就算经过，也难以察觉到它的存在。由于伪装得实在太完美，就算危险临近，它也无须弃巢逃离。

据说，在筑巢繁殖期间，如果丘鹬觉得幼鸟有危险，它会立刻让幼鸟抓住自己的脚，然后飞到空中，躲到安全的地方。等危险过去，它会返回原来的巢，将幼鸟一个个带回来。可实际上，这不过是人们的误解罢了。

就像人们误认为环箍蛇会用嘴咬住自己的尾巴，滚下山坡；猴子将身体搭在一起，形成一座桥跨过小溪。至于这些错误的说法是如何流传开的，已经无从得知了。

后背是一道门

　　倭（wō）犰狳（qiú yú）长仅12到15厘米，作为犰狳科体形最小的一类，它的武装方式非常奇特。

　　它的身体上半部分被盔甲似的硬壳覆盖，靠一层柔软的膜将硬壳与身体连在一起。硬壳沿身体两侧裂开，向上抬起时呈瓣状。

　　它的身体前端较尖。不过，从后面看，它就像一把电动圆锯。它的尾巴平整，如刀切过一般，尾部覆盖着像玻璃一样的硬壳。

　　这样的身体构造能帮助倭犰狳脱离险境。当遇到蛇或其他天敌时，倭犰狳会立即冲向洞穴，用尾巴快速掘土，钻到洞穴深处躲避危险。

　　它的爪子强劲有力，使身体能够挤进沙土中。后背的盔甲此时就如同一道坚固的门，将洞口完全封住，从而使自己不受到任何伤害。

　　倭犰狳多生活在美国南部和阿根廷，数量稀少。人们对于它的生活习性知之甚少，只知道它喜欢生活在沙地平原，会在地下挖很长的地道。

虎　鲸

海中"大胃王"

　　虎鲸并非真正的鲸鱼，而是海豚科中体形最大的一种。尽管体长仅7到9米，虎鲸却会攻击一切游动的生物。它颌骨上的牙齿咬合力惊人，可将一头大鲸鱼撕成碎片。它的胃口之大超乎人类的想象。曾有记载，人们在一条6米长的虎鲸的肚子中发现了13只海豚和14只海豹的遗骸。

　　虎鲸有时会攻击与自己体形相近的鲸鱼。加利福尼亚灰鲸是虎鲸主要的攻击对象。尽管灰鲸长达15米，不过，当虎鲸成群来袭时，灰鲸还是会陷入恐慌，不知所措。有时，它们会翻过身，肚皮朝上，张开双鳍，无助地浮在海面上。一头虎鲸会用鼻子抵住鲸鱼的嘴，迫使对方张开嘴，然后咬下其柔软的海绵状舌头。与此同时，其他虎鲸会撕咬鲸鱼的身体。

　　几乎在所有海域都能见到虎鲸的身影，可以毫不夸张地说，虎鲸是海中的霸主。

蛇鹈

长得像蛇的鸟

去过佛罗里达湿地的人肯定都见过一种叫作蛇鹈（tí）的鸟。蛇鹈多栖息于水流平缓的河口，墨西哥湾以及卡罗来纳州北部的亚热带沼泽地带。蛇鹈脖子细长，身体像蛇一般，它还有一条长长的尾巴。

蛇鹈多生活在水中，以鱼类为食，可它并没有像鸭子和鹅一样拥有防水的羽毛。它的羽毛更像一层皮毛，容易被水浸湿，因此白天时，它们会停在一棵枯树上，翅膀半张开，在阳光下晒干羽毛。

它知道自己非常显眼，便放弃了伪装，一旦危险来临时，它就像离弦之箭一样，一头扎进水中。当它再次现身时，也只是将细长的脖子探出水面，然后保持静止状态。此时，敌人很容易把它们当作突出水面的枯树枝。

带刺的蛤蜊

在热带海域的珊瑚丛中，栖息着各种五彩斑斓的生物，海菊蛤（gé）便是其中一员。

和大多数软体动物一样，海菊蛤将自己包裹在硬壳里，壳随着它的身体生长而不断变大。硬壳保护它软软的身体，远离众多危险。

然而，海菊蛤周围还存在一些仅靠硬壳而无法抵挡的危险。

大鱼游荡在珊瑚丛中觅食，它们的牙齿可以轻松咬碎软体动物的外壳。和深海扇贝不同，海菊蛤总是附在珊瑚枝上，因而无法躲避潜在的敌人。

因此，大自然赋予了它另一种保护方式，让它获得双重保障来抵御敌人。不同于普通的牡蛎（mǔ lì）壳，海菊蛤的壳上布满长刺，看上去十分骇人。有了这件强大的武器，海菊蛤就能让敌人与自己保持安全距离。

动物界的社交达人

　　世界上最大的啮齿类动物是水豚。它是水生动物，体形和猪差不多大小，生活在溪流或河流沿岸地区。受到惊吓时，水豚会立即潜入水中。它的脚非常强壮，长有蹼，可在水中游相当远的距离。不过，水豚不擅长走路与奔跑。它是素食动物，有时候会破坏甘蔗或其他作物，但它并非出于恶意。事实上，水豚易于驯化，喜欢玩耍，性格非常温和，天生适合与其他动物混养，简直就是动物界的社交达人。水豚生活在美国的热带地区。

埃及壁虎

可在天花板上行走

　　埃及壁虎具备多种防御技能，其中最有名的莫过于它那神奇的脚趾，可黏附在房间的任意一面墙上，它甚至能在天花板上行走，或悬挂在叶子下端。像其他壁虎一样，它的尾巴很容易断，断了的尾巴会到处"蹦跶"，吸引敌人的注意，使其有机会脱身。这有点像古老传说里"牺牲别人保全自己"的做法。虽然，有时候，壁虎不得不自断尾巴逃生，可它很快就会长出一条新的尾巴。

　　埃及壁虎其实是蜥蜴中的一种。它们有着大大的眼睛和椭圆形的瞳孔。它们对人类非但无害，反而以害虫为食。由于它们的叫声和壁虎很像，故由此得名。

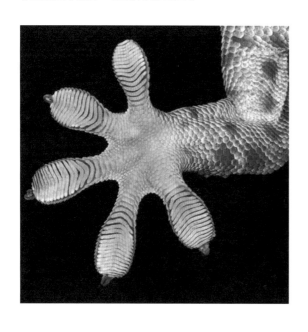

鹪鹩

筑巢求偶

鹪鹩（jiāo liáo）是英国较具代表性的鸟类，多分布在北部地区。

鹪鹩求偶的方式很特别。它会为自己圈出一片领地，从小小的身体里迸发欢快的歌声，以此宣示对这里的所有权。随后，它会用树叶和青苔筑两到三个巢。当它成功吸引一只雌鸟后，对方会观察它准备的巢，如果雌鸟对它和它的劳动成果很满意，两人便可以在一起。雌鸟会选一个巢作为居所，然后加以修缮。

巢多设在长满青苔的树干上，巢里还设有一道门，外面覆盖着与树上相同的青苔，以此来迷惑敌人。

要是巢建在干草堆旁边，鹪鹩会在巢里铺满松软的干草。要是巢位于布满青苔的墙间缝隙，它就会将巢的外部覆满青苔。为了隐藏自己的巢，保护幼雏，鹪鹩总会因地制宜，选好定居地点。

冬季时，精心打造的巢仿佛成了集体宿舍一般，有时多达14只鸟儿会聚在同一个窝里。

动物界的拳击高手

　　袋鼠刚出生时，只有蚕豆那么大，袋鼠母亲会把它放到腹部的口袋中，它会在那儿继续生长。即使幼崽长到能够奔跑，当危险来临时，它还是会奔向母亲，爬进口袋。口袋不仅能保护幼崽的安全，还能照料到幼崽生活的方方面面。

　　袋鼠的后腿修长，强劲有力，但前肢短小，只能用来抓取物体。袋鼠的身体前倾，依靠巨大的尾巴保持平衡，使其能够不断奔跑跳跃。保持静止状态时，袋鼠直起身体，尾巴和后腿呈三脚架状。这个姿势能帮助袋鼠利用视觉、嗅觉和听觉发现敌人。

　　袋鼠后脚脚趾很长，弯曲的爪子非常尖利。爪子是它的秘密武器，大袋鼠可用前爪抓住狗，用尖刀似的后爪抓伤对方。

鸟类中的模范父母

如果你仔细观察黄林莺的巢，你会发现父母会一起哺育幼鸟。雄鸟外出寻找蠕虫、种子和其他美味时，雌鸟便守在巢中。有时，父母会一同外出，寻找食物。

如果巢中有两只以上的幼鸟，母亲绝不会外出。要是没有父母的精心呵护，黄林莺可能早就灭绝了。

黄林莺的巢非常容易被发现，狡猾的燕八哥常常会把蛋产到黄林莺的巢里，让黄林莺替它们孵蛋。黄林莺是为数不多，也可能是唯一一种勇敢反击燕八哥的鸟类。它们会把燕八哥的蛋从自己的巢中推出去摔碎。

黄林莺又被称作野金丝雀，是柳莺族群中最常见的一种鸟类，遍布世界各地。

沙漠中的跳远健将

　　非洲跳鼠长得非常奇特，这也是它独特的自我保护方式。非洲跳鼠生活在沙漠中，身长仅12厘米，跳跃距离可达4.5米，跳跃时，它主要依靠长尾巴保持身体平衡。它们的尾巴梢上长有肉垫，能辅助站立。

　　非洲跳鼠眼睛大，无须转动头部，便能看到前后、左右、上下的事物。

　　非洲跳鼠后腿毛发浓密，毛发的作用与雪地鞋类似，这样非洲跳鼠就不会陷入沙土中，还能在沙土中快速移动，远远看上去就像一只奔跑的鸟儿。

背着房子到处跑

有些动物天生长有可以保障自身安全的"盔甲"，但寄居蟹所做的远不止如此。当它爬进软体动物弃用的硬壳之后，无论走到哪里，它都会带着自己这间"房子"一起移动。

由于长期居住在硬壳中，寄居蟹的身体发生了很大的变化。处于壳内的腹部变得柔软，巨大的蟹钳能有效地封住硬壳的出口。腹部末端的一对钩状物使它能够紧紧附在硬壳中。

当它长到一定大小，它就会放弃旧壳，爬出去寻找新的、更大的壳。有时，硬壳是珊瑚、藤壶、海绵等海洋生物的基地，它们不会伤害寄生蟹，反而很乐意它的到来。

寄生蟹以肉为食，无论新肉还是腐肉。此外，寄生蟹还有同类相食的恶习。它们生性好斗，失败的代价就是弱者会成为强者的腹中餐。

百变艺术家

　　请想象一下，有这样一只蜥蜴，它的尾巴可以弯曲，凸出的双眼可独立转动。它还有很长很灵敏的舌头，长度甚至超过它的体长，能迅速捉住昆虫。此外，如果它正坐在树枝上，它还能将身体变换成树枝的颜色。没错，它就是变色龙，自然界的百变艺术家。

　　大多数蜥蜴的尾巴可有可无，有时稍有不慎，尾巴就会折断，过段时间又会长出新的尾巴。变色龙的尾巴非常精巧，上面有各种神经，能很好地感知周围的环境。它将尾巴缠绕在树枝上，防止自己掉落。

　　李维斯·沃克说："当变色龙从一根树枝转移到另一根树枝时，它的腿、身体和尾巴均可伸展，从而保证它能抓住新的树枝。"当它昏昏欲睡时，眼珠便会停止转动。它的眼珠从头的两侧凸出，眼睛呈锥形，能够向任意方向转动，使得变色龙能够看到自己的鼻子、前额，甚至能看到自己的另一只眼睛。它可以一只眼睛扫视地面观察敌人动向，另一只眼睛寻找树枝上的昆虫。一旦发现猎物，它的两只眼睛会同时聚焦到猎物身上。猎物可能是飞蝇、甲虫或者蠕虫。当距离合适，变色龙将两只眼睛转向前方，张开嘴巴。眨眼之间，你就会看到昆虫在变色龙具有黏性的舌头上挣扎。变色龙收回舌头的动作会相对慢一些，肉眼能够捕捉到这一动作。它

的舌头就像橡皮筋一样，昆虫黏在舌头的另一端时，它慢慢收回舌头，可以看到被拉得细长的舌头开始逐渐变粗……

变色龙的颜色变换并不取决于周围环境，而是取决于变色龙的情绪变化，就像人在害羞时会脸红，很难控制。

一只变色龙一次可产20只幼崽，刚出生的幼崽全身黏糊糊的。幼崽会模仿母亲，将它们的小尾巴缠在树枝上，安静地坐着。

獾

猎犬的宿敌

当獾（huān）呈独特的蹲姿时，它看起来随时会发起进攻，猎犬见到这一情景，也要对其忌惮三分。獾的身体扁平，四肢粗壮，因此猎犬想要攻击它会非常困难。它的前腿长有长长的爪子，在搏斗和掘土时用处颇多。最重要的是，獾的颌骨非常强壮，此外，它还有长长的牙齿。战斗时，獾是个难缠的对手，不屈不挠，毅力惊人。獾的身体重心很低，因而能为其提供最基本的保护。

在美洲、欧洲和亚洲的温带地区，常常能见到它们的身影。

土拨鼠

最能睡的动物

　　土拨鼠是最常见的一种旱獭，它毛发粗糙，身体笨重，脖子短小，后腿粗壮，爪子强而有力，是掘土的利器。土拨鼠多栖息在山坡草地上，尤其钟爱森林，以便安心休憩，不受外界打扰。

　　在哺乳动物界，土拨鼠是最能睡的动物之一。寒风凛冽、白雪皑（ái）皑之时，它会停止一切活动，蜷缩在地底洞穴中，度过整个冬天。

它以杂草、苜蓿等植物为食。它不像其他啮齿类动物那样在冬季来临前储存食物，而是在夏季接近尾声时就吃得饱饱的，因而变得非常胖。冬季来临时，它开始不断变瘦。等到了10月底或11月初，它便返回洞穴，开始冬眠。在这段时间，它的心跳每分钟仅14次，10分钟内仅呼吸10到15次，而正常情况下，它的呼吸次数每分钟可达80到90次。

到了2月2日，即美国一年一度的"土拨鼠日"，土拨鼠会从漫长的冬眠中苏醒，观察外界的天气状况。如果艳阳高照，就意味着冬天的结束；如果天气非常糟糕，它就会回到洞中，再睡上6个星期。在很多国家，人们都会观察"土拨鼠日"的天气，以迎接即将到来的春天。2月到4月之间，天气稍暖和的时候，土拨鼠们就会离开洞穴，开始活动。

骨头是潜水利器

童话中的美人鱼，总是一副金发少女的样子。然而实际上，真正的美人鱼其实就是海牛，它们身形肥胖，皮肤灰暗，与美丽毫不沾边。

阿拉伯商人途经红海时，偶尔会看到海牛母亲用鳍肢裹住幼崽，看起来和人类的行为十分类似。见过海牛将脑袋探出水面的人都会觉得，它像极了人类。再加上海牛的尾巴呈叉状，与鱼尾相似，最终经过人类的想象力加工，美人鱼的传说由此诞生。

海牛的分布非常广，有的生活在非洲西部河流，有的在佛罗里达州境内，有的在红海，以及澳大利亚海岸附近。

海牛的骨头密度大，与象牙的材质类似。骨头相当于潜艇的压载舱，能帮助海牛沉到水下，享用美味的水生植物。

霍加皮

世界上最害羞的动物之一

　　一个世纪前，在非洲刚果境内，著名探险家哈利·约翰斯顿在当地土著的引领下，见到了一种皮肤上长有条纹的动物。他将这种动物的皮肤和两个头盖骨标本送到伦敦的大英博物馆。他们发现，这种被当地人称为霍加皮的动物，其实与斑马毫无关系。实际上，它是长颈鹿科动物，是名副其实的"活化石"。

　　为什么霍加皮没有在数百万年前消失呢？没有人知道答案。在所有大型哺乳动物中，霍加皮是数量最稀少、性格最害羞的动物之一。它生活在茂密的丛林中，或许这就是它能安然度过中新世的原因。尽管长颈鹿的腿和脖子不断变长，开始在开阔的平原地带生活，但霍加皮依旧生活在热带丛林中，在那里，生存斗争并不那么激烈。尽管如此，除了长颈鹿，它的近亲都陆续从地球上消失了。

竹节虫

拟态伪装者

　　不管主动还是被动，拟态伪装都是动物本能的自我保护手段。变色龙是采取主动伪装的典型，它们不断变换颜色，与周围的环境相融。

　　被动伪装最典型的例子莫过于竹节虫，它们与细树枝很像，肉眼很难看出二者的区别。在北美各地，人们能在树枝上见到竹节虫，但一定要仔细观察才能发现。

未完全进化的哺乳动物

鸭嘴兽是哺乳动物，但是它却具备非哺乳动物的某些特征。它是水陆两栖动物，有着像鸭子一样扁平的喙和蹼足，是当之无愧的游泳健将。尽管足平腿短，但它依然能在陆地上快速奔跑。鸭嘴兽多栖息在溪流或池塘岸边的

洞穴中。雌鸭嘴兽像鸟类一样产卵，却像哺乳动物一样哺育后代。在孵蛋期间，雌鸭嘴兽会折起它的尾巴，形成一个小口袋，还未长毛的幼崽便待在这个口袋里，直到长出毛。

鸭嘴兽主要以蠕虫、蜗牛和蚯蚓为食，它会时不时查看自己的口袋，因为里面装着它收集的食物。鸭嘴兽结合了多种动物的外形特征，是自然界最独特的生物之一。

海 葵

海底美杜莎

虽然海葵看上去很像花朵，但其实是一种生活在水中的食肉动物，它的几十条触手上都有一种特殊的刺细胞，能够释放毒素，就像希腊神话中的蛇发女妖美杜莎一样可怕。它们争斗的主要目的是争夺生存空间。有的海葵，如直径有15厘米的连珠状大海葵，能捕食海星。据观察，当猎物接近时，它会突然用触手抱住猎物，猎物可能还未来得及作出反应，就被触手里的刺细胞杀死，成了海葵的食物。

小型海洋生物经常会被海葵花瓣状的剧毒触角所吸引。有些螃蟹会利用海葵来捕杀其他海洋生物。

脊刺可做减震器

　　海胆是海洋里一种古老的生物，与海星、海参是近亲。它在地球上已经存在了上亿年。

　　海胆天生胆小，只要一见敌人，就会逃跑，但是它们不能很快地移动。海胆大多生活在海底，喜欢栖息在藻类丰富的潮间带，以及浅海地带，具有昼伏夜出的特性。

　　在海底世界，海胆是自我保护能力最强的生物之一。

　　海胆全身长满长而尖的棘刺，看起来很吓人。它的棘刺可减缓身体与石头相撞时的冲击力。海胆无须为保护自己而费心思，它的棘刺铠甲足以抵御各种危险。

小丑鱼和海葵

动物界的盟友

在自然界，不同物种之间常常能够做到和谐相处，互爱互助，这种合作关系叫作共生。在某种程度上，共生意味着两种动物相互取长补短，最终形成双方的生存优势。或许大家都知道狮子和老鼠的寓言，但在自然界，共生的例子远不止于此。

最典型的共生例子莫过于小丑鱼和海葵了。在前面我们曾提到过海葵这种可怕的生物。它的触角里含有剧毒，但这并不会给小丑鱼带来困扰。小丑鱼是一种热带鱼，与海葵相伴相生，它又被称作海葵鱼。它把家安在海葵的触角中间，小丑鱼的天敌一旦遇到含剧毒的海葵，会自动退避三舍，而海葵也不会打扰它。如果没有海葵，小丑鱼可能早就灭绝了，因为它的游速缓慢，颜色又非常显眼。另外，海葵还能为小丑鱼提供食物来源，年幼的小丑鱼主要依赖海葵留下的食物残渣为生。

小丑鱼能为海葵做些什么呢？如果海葵周围有小丑鱼，它能生长得更加健康。小丑鱼有时出去觅食，会顺便为海葵带回美味的食物，此外还能充当海葵捕食其他鱼类时的"诱饵"。

无论双方的付出是否成比例，合作共生已经成为它们的生存之道。

身似利剑

　　剑鱼也被称作"箭鱼"，在希腊文和拉丁文中的意思是"剑"。它和马鲛鱼的外形相似，从尾巴到鼻子呈流线型。它是对称美和优雅的化身。剑鱼眼大，吻部扁而尖，如利剑一般。它的体重可达400千克。它能用这把"利剑"猎杀其他鱼类，饱餐一顿。

风平浪静的日子里，剑鱼喜欢在海面上游弋，沐浴着温暖的阳光。在距离它2到5千米开外，人们若站在船只的桅顶上，就能看到它。剑鱼似乎一点儿也不害怕航行中的大帆船，但它却害怕小船。

曾有确切记载，剑鱼会攻击船只。在纽约的布鲁克岛，一条剑鱼撞向船只，阿尔弗雷德·希尔上尉差点身受重伤。剑鱼用它的"利剑"做武器，冲向船只，导致上尉的胸膛受伤。在长岛（美国纽约州东南部岛屿）附近，约翰·马克森在"阿德莱德号"上试图用鱼叉猎杀一条剑鱼，当时剑鱼距离他约3米远，突然，在毫无预兆的情况下，剑鱼抬起它利剑般的吻部，全速冲过来。为什么剑鱼会攻击船只呢？当鱼叉刺到剑鱼的头部或接近头部的脊柱时，它常常会奋起反击，就像疯了一样，不顾一切地撞向离它最近的物体。

人们很早就已经开始捕捉剑鱼，早在公元前100年，它就已经被带到意大利的墨西拿海峡。

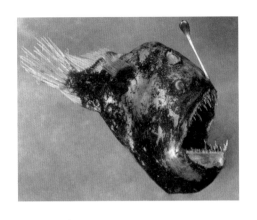

妻子才是一家之主

在角齿鱼科中有一种体形较小的鱼，叫作黑犀（xī）鱼，多生活在深海区域。在黑犀鱼家庭中，妻子才是一家之主。雌鱼的体形是雄鱼的数倍，巨大的嘴巴中长满锋利的牙齿。妻子不仅要为丈夫提供出行服务，还要为其提供食物。

雄鱼摆脱幼体状态后不久，便会咬住雌鱼，附在对方身上。二者的皮肤会逐渐连在一起，血液系统也会相互混合。因此，雄鱼既不用自己捕食，也无须动嘴吃饭。

黑犀鱼生活在漆黑的海底，它的鼻端会发出磷光，就像一盏灯，吸引猎物进入它的大嘴中。

最初，人们在巴拿马海湾中发现了黑犀鱼的踪迹。它们的数量非常稀少。事实上，仅有少数雄鱼能在幽深的海底找到雌鱼。只有在很偶然的情况下，它们才能相遇，一旦相遇，它们就会紧紧黏在一起。乍一看，雄鱼像雌鱼的附属物，实际上，雄鱼依靠自己的鳃呼吸。有时，不止一条雄鱼附在雌鱼身上，而雌鱼需要同时供养几个配偶。

河　豚

膨胀的刺球

　　河豚的自我保护方式非常简单，遇到危险，受到惊吓或生气时，它就会膨胀身体。河豚长约20厘米，在膨胀身体的过程中，却能喝下整整一升水，它还能利用空气使自己膨胀，然后浮出水面。河豚膨胀的时候，它的皮会变得和足球一样坚硬。幼年期的河豚长仅6毫米，从那时起，它就已经开始展现这项技能了。

　　河豚为硬骨鱼纲鲀科鱼类的统称。刺豚全身长满尖刺，当属最特别的一类河豚。河豚多生活在大西洋和太平洋的温暖海域。

牛角可当作缓冲器

　　牛羚有时又被称作"角马"。牛羚的外形与马相似，无论公母，都长有角。它的牛角先向下弯曲，再朝着外侧和上方弯曲，越是年长的牛羚，这一特点越突出。牛角可缓冲撞击，相当于头盔。牛角非常结实、锐利，堪称攻击利器。牛羚属于牛科角马属，角马是它的别称。最常见的白须牛羚多分布在非洲南部和东部。白须牛羚和黑角马是近亲，现已濒临灭绝。和许多动物的情况类似，它们在沙漠中找不到避难所。牛羚的生活离不开水，但它们不像某些动物那样能够储存水分。

僧帽水母

会用诱饵捕食

　　葡萄牙僧帽水母生活在温暖的海域。虽然，人们普遍认为它是水母，但实际上，它和海葵一样是腔肠动物。僧帽水母生活在海水表层，看上去就像一个美丽的蓝色气泡。它有着长长的、半透明的触须，在水中摇曳多姿。触须上长有小刺，里面含有充满毒素的刺细胞。触须与其他生物接触时，会释放一种酸性物质，蜜蜂的蜂针中也含有这类物质。僧帽水母的刺能够刺入人类的皮肤，伤者会出现痉挛、休克等症状，甚至可能会瘫痪数天。被水母蜇伤的感觉就如同被一群蜜蜂蜇伤一样。

　　对除了水母双鳍鲳（qí chāng）以外的所有小鱼而言，葡萄牙僧帽水母具有致命的杀伤力。被蜇伤的鱼会瞬间麻痹，僧帽水母用触须缠住毫无反抗能力的小鱼，慢慢张开漏斗状的嘴巴，将其吞入，然后消化。只有水母双鳍鲳得到了僧帽水母的庇护。僧帽水母为它们提供食物和住所，它们以僧帽水母留下的食物残渣为食。僧帽水母利用它们引诱猎物。其他鱼类看到它们游荡在僧帽水母身边，会放松警惕游过来，接下来就会被水母的触角缠住，最终成为水母和水母双鳍鲳的食物。

能杀死一匹马的蜥蜴

霸王龙曾是世界上最可怕的恐龙，也是恐龙界的霸主。它生活在一亿年前，未留下任何近亲。

在印度尼西亚的科莫多岛上，生活着一种蜥蜴，就外形而言，可能是霸王龙的表亲。这种蜥蜴是世界上最大的蜥蜴，在它的领地内是绝对的王者。科莫多巨蜥是它的学名。它体形庞大，强壮无比，能够轻松杀死一匹

马。实际上，它身长最多3米，体重最多113千克，但在蜥蜴界，它已经算是巨无霸了。

道格拉斯·赫伯登曾见到科莫多巨蜥在热带雨林的山坡上出没，好似霸王龙重现人间。巨蜥跳到野猪的尸体上，埋头大吃，这画面给他留下了深刻的印象。巨蜥用脚支撑着身体，来回撕咬，扯下一大块猪肉，一口吞下。霸王龙肯定也是这样对待食物的，只不过它的食物是其他恐龙罢了。

科莫多岛上的动物都很害怕巨蜥，就像数百万年前，其他恐龙畏惧霸王龙一样。

科莫多巨蜥和飞鼯蜥外形相似，不过科莫多巨蜥要大得多。

能捕杀昆虫的花朵

有这样一类食虫植物，它的花朵与昆虫之间的关系十分微妙。通常，蜜蜂、蝴蝶等昆虫依靠植物获取食物，而新英格兰地区的猪笼草打破了这一规律。猪笼草将叶子卷曲成瓶状，任何进入"瓶子"的昆虫都会成为它的食物。猪笼草有很多种类。有些猪笼草中含有能溶解昆虫的液体，其他则依靠分泌酸性物质来消化食物。

在世界各地，此类食虫植物还有很多。

昆虫界的灰姑娘

上图所示的是世界上最丑陋的毛虫。它外形怪异，不禁令人心生厌恶。黄绿色的眼睛加上蓝黑色的瞳孔，看上去很像马戏团小丑的眼睛。实际上，那根本不是它的眼睛，而是眼状斑点，它真正的眼睛位于头部靠下的位置。眼状斑点其实是它的防身武器，斑点向前移动时会释放出臭气。敌人靠近时，它会前后滚动，向对方展示自己的可怕面目，释放难闻的、危险的气味。

这副丑陋的躯壳帮助它度过严冬，等到春天来临，它就会蜕变成最美丽的蝴蝶——北美大黄凤蝶。